그림으로 읽는 지구 생명의 역사

지구와 생명이 얽혀 살아온 40억 년의 기록

그림으로 읽는
지구생명의역사

지구와 생명이 얽혀 살아온 40억 년의 기록

글 좌용주
그림 재이

 성림원북스

작가의 말

번성과 멸종 사이에서,
생명은 오늘도 지구와 함께 살아갑니다

어릴 적 아버지께서 주먹만 한 돌덩이 하나를 들고 오셨다.

그 돌 표면 틈새에는 조그만 식물이 자라고 있었다.

아마 그게 신기해서 내게 보여주려 하셨나 보다.

돌에서 자라는 생물이란 게 참 신비로웠다.

한동안 그 돌과 식물은 내 책상 위에 놓여 있었다.

시간이 흐르고, 이런저런 돌을 연구하느라 정신없는 나날을 보냈다.

그러다 문득 그때 그 식물이 생각났다.

돌과 생명이 연결되었던 어린 시절의 추억거리가

그저 단순한 인연이 아님을 알아차렸다.

아주아주 오랜 세월

이리저리 얽혀있고, 엮여있고, 그리고 그 본질은 다르지 않다.

생명을 수식하는 말에는

경이롭다, 신비롭다, 아름답다, 감동이다, 등등

하지만 나에게 지구의 생명은 처절하리만큼 끈질기다.

그게 바로 아주 작은 생명 하나조차 귀한 이유다.

40억 년 가까운 생명의 역사를 돌이켜 보는 것은

우리의 존재를 깨닫기 위함이다.

때로는 뜨거웠고, 때로는 차가웠으며

푸르렀던 시절도, 황량했던 순간도 개의치 않고

지구의 생명은 아주 조금씩 자신의 발걸음을 내디뎠다.

현재가 과거 되어 저만치 물러나고, 먼 훗날이 희미해 보여도

왔던 곳으로 되돌아가기까지 그 여정은 멈추지 않을 것이다.

_2025년을 시작하며
좌용주

간추린 지구의 역사

지구는 언제 어떻게 탄생했을까? 태양계의 행성들이 같은 시기에 만들어졌다고 가정하고 당시의 정보를 간직한 운석을 이용하면, 약 46억 년 전, 좀 더 구체적으로는 약 45억 6,700만 년 전에 원시지구가 탄생했으리라 생각할 수 있다. 원시지구의 성장과 진화를 살펴볼 때 발견되는 놀라운 사실은 태양계의 형성 초기에 미행성이라 불리는 아주 작은 천체들이 충돌하면서 재빨리 결집하여 더 큰 크기의 천체로 합체된 것이다. 그 과정에서 그들 중 하나는 더욱 크게 자라 화성 정도의 크기가 되었고 우연히 원시지구와 충돌했다. 지구의 상당 부분이 떨어져 나갔으며 그로부터 마침내 달이 만들어졌다. 그때 이후로 달은 조금씩 멀어져 점차 안정한 지구-달 시스템을 이루었으며, 드디어 지구는 생물의 생존에 적합한 장소가 되었다.

충돌하는 미행성들이 지구로 운반해온 물질 속에는 지구 대기와 해양의 주요 성분인 수증기, 이산화탄소, 질소와 같은 기체가 포함되어 있었다. 또한, 고체 물질의 주요 성분인 마그네슘, 규소, 철 그리고 산소 등의 원소도 포함되어 있었다. 미행성들의 엄청난 충돌로 말미암아 기체 성분이 빠져나와 대기를 만들었다. 두꺼운 수증기 대기가 지구 최초의 대기였다. 그리고 수증기가 지표로 내려와 바다를 만들었다. 지구에 바다가 생기고 나서 대기 속에 남아있던 이산화탄소도 점점 줄어들었다. 바다가 이산화탄소를 빨아들였기 때문이다. 그리고 한동안 지구의 대기는 질소, 이산화탄소, 메테인으로 채워져 있었다. 지구 나이의 절반 가까이 되었을 때 바다에서 산소가 만들어지기 시작했고 한순간 엄청난 양의 산소가 생겨났다. 그렇게 오랜 세월에 걸쳐 기체의 성분이 바뀌면서 지금과 같은 질소와 산소의 대기가 되었다.

고체 물질의 성분들이 모여 광물이 되고 암석을 만들지만, 미행성의 충돌로 원시지구는 대부분 녹아버렸다. 많은 양의 철은 지구의 중심으로 가라앉아 액체로 된 금속의 핵을 만들었고, 점차 냉각하면서 가장 안쪽에는 고체 철로 된 핵이 생겼다. 액체의 외핵 바깥으로는 여태 녹아 있던 물질들이 둘러싸고 있었는데 마그네슘, 규소, 산소의 성분들과 핵에 들어가지 않고 남은 철의 성분들이었다. 이 성분들이 맨틀의 대표적인 규산염 광물들을 만들었다. 미행성의 충돌이 잦아들면서 지구는 천천히 식었고, 드디어 껍질이 만들어졌다. 지각이다.

지구 내부의 맨틀은 천천히 대류하면서 지각의 판구조운동을 유도한다. 언제 판구조운동이 시작되었는가에 대한 질문에 정답을 얘기하기는 어렵지만, 비교적 지구 역사의 초기라고 생각된다. 지구 초기의 판구조운동은 지금과는 달랐으며 비교적 얕은 깊이에서만 맨틀 대류가 일어났다. 지금과 같은 모습의 판구조운동은 약 30억 년 전 이후로 추정된다. 둥근 지구의 뚜껑으로 생각되는 판들은 내부적으로는 크게 변형되지 않지만 다른 판들에 대해 상대적으로 움직이며, 주요 변형이 집중되는 곳에 세 종류의 판 경계들이 형성된다. 확장경계에서 판이 서로 멀어지면서 새로운 해양지각이 형성되고, 수렴경계에서 오랜 해양지각은 섭입하여 맨틀 쪽으로 기어 내려가며, 변화단층 경계에서는 두 판이 서로 비스듬히 어긋난다.

지구의 지각은 대륙지각과 해양지각으로 이루어져 있다. 약 35킬로미터 두께의 대륙지각은 맨틀 위에 떠 있고, 대륙들은 판을 타고 돌아다니면서 그 모양을 바꾸었고, 해양지각을 가진 해양은 커지기도 하고 줄어들기도 했다. 때때로 대륙지각의 대부분이 초대륙으로 모이기도 하고, 또 때로는 오늘날과 같이 여러 작은 대륙 조각으로 나뉘기도 했다. 대륙의 화강암질 암석에 들어있는 저어콘 광물을 조사하면서 대륙지각의 성장에 주기가 있음도 알게 되었으며, 그리 머지않은 시기에 지구에는 또 다른 초대륙이 나타날 것이다.

지구의 역사를 되돌아볼 때 만나게 되는 놀라운 사건 중 하나는 지구 전체가 완전히 얼음으로 덮였던 사건이다. 지구 전체, 그러니까 극지방에서 적도에 이르기까지, 산꼭대기에서 바다까지 완전히 얼음으로 덮였던 때가 여러 차례 있었다. 지구는 한마디로 동그란 눈덩이와 같았다. 하얀 얼음은 대부분의 태양복사에너지를 반사해 버려 더 차가워졌다. 그러다 지구 내부로부터 뜨거운 화산이 분화하고 대기 중으로 뿜어져 나온 이산화탄소가 모여 온실효과를 일으키면서 지구는 점차 눈덩이에서 벗어났다. 얼어붙은 지구에서 거의 모든 생물은 사라졌지만, 그래도 얼음 아래서 숨죽이며 기회를 엿보던 생명들이 있었다. 지구의 환경이 다시 변했을 때 그들은 새로운 생물계를 만들어 지구의 주인이 되었다.

약 46억 년 전에 탄생한 지구는 여러 차례의 격렬한 변동을 겪어왔고, 그 사이에 생명이 탄생하고 다양화되어 왔다. 그리고 뚜렷하게 흔적을 남긴 변동과 그에 관련된 생물의 탄생, 진화, 멸종의 단계로부터 지구의 시간을 나누기도 한다. 보통 약 46억 년의 지구 시간을 크게 넷으로 구분하고 이를 지질시대라고 부른다. 가장 오래된 명왕누대(약 6억 년)로부터 시생누대 (약 15억 년), 원생누대(약 19.5억 년)를 거쳐 최근의 현생누대(약 5.5억 년)로 이어져 온 것으로 구분한다. 화석을 통해 지구에 나타난 생물의 양을 살펴보면 현생누대의 첫 지질시대인 캄브리아기(약 5억 4,100만 년 전)를 경계로 엄청난 차이가 난다. 그러기에 현생누대 이전을 모두 합해 선캄브리아시대로 구분 짓고, 선캄브리아시대와 캄브리아기 이후의 지질시대를 비교하기도 한다.

지구의 첫 지질시대인 명왕누대에는 우리가 생명체라고 부를만한 흔적을 찾기 힘들다. 시생누대와 원생누대에서도 발견하기가 쉽지는 않은데, 예외적으로 시아노박테리아의 흔적에 퇴적물이 달라붙어 층의 구조를 만든 스트로마톨라이트가 있다. 후기 원생누대에는 부드러운 몸체를 가진 에디아카라 동물들의 자국이 발견되고, 원생누대의 끝 무렵에는 포식자로부터 스스로 를 방어하기 위해 단단한 껍질을 장착했던 것으로 보인다. 그리고 현생누대의 시작과 더불어 뚜렷한 생태적 특징을 가진 방대한 화석이 출현하며 캄브리아기의 대폭발로 불린다. 오늘날 지구상의 모든 동물문의 초기형태가 이때 나타났다.

현생누대, 즉 약 5억 4,100만 년 동안의 지구 역사는 한마디로 격동의 세월이었다. 모인 대륙들이 찢어져 나가고, 각각의 대륙 내부에서 적응 진화하던 생물들은 다른 대륙과 충돌하여 합쳐지면서 새로운 종을 탄생시키는 교잡의 생태계가 만들어졌다. 그리고 비교적 젊은 지질시대의 암석과 지층으로부터 지구 깊은 곳에서부터 지표에 이르기까지의 대규모 순환과정을 상세하게 이해하게 되었다. 현생누대의 넘치는 지질과 화석의 정보로부터 우리는 많은 정보가 사라진 과거 40억 년의 역사도 되돌아볼 수 있게 되었다. 그리고 지구의 역사가 마무리되는 시점에 우리 인류가 태어났다.

● 저는 20년간 탐험을 통해 지구라는 행성의 놀라운 이야기를 직접 목격해 왔습니다. 이러한 경험이 저에게 가르쳐준 한 가지는, 지구는 단순히 우리 발밑에 있는 땅덩어리가 아니라, 끊임없이 변화하며 살아 숨 쉬는 하나의 생명체라는 것입니다. 『그림으로 읽는 지구 생명의 역사』는 바로 이 지구의 이야기를 독자들에게 새롭게 소개하는 작품입니다. 이 책은 단순한 과학적 지식을 나열하지 않습니다. 오히려 시적 비유와 흥미로운 그림을 통해 독자들이 지구의 역사 속으로 여행을 떠나게 합니다. 생명은 어떻게 탄생했으며, 어떤 여정을 거쳐 오늘날 우리에게 이르렀는지, 46억 년의 시간을 한눈에 그려낼 수 있도록 안내합니다. 책장을 넘길 때마다 저는 과거에 제가 서 있던 장소들이 떠올랐습니다. 시아노박테리아가 광합성을 하며 만든 호주 해안의 스트로마톨라이트 군락, 아이슬란드의 불타는 용암대지, 알래스카의 거대한 빙하, 고비사막에서 마주한 공룡화석. 이 모두가 이 책의 이야기를 증명하는 현장들이었습니다. 지구의 과거를 아는 것은 단순한 호기심 이상의 의미를 갖습니다. 그것은 우리의 현재를 이해하고, 미래를 준비하는 데 중요한 기반이 됩니다. 이 책을 읽는 모든 분이 지구라는 행성에 대한 경외감을 느끼고, 우리가 살아가는 이곳을 더욱 소중히 여기게 되기를 바랍니다. 지구라는 위대한 이야기에 동참할 준비가 되셨다면, 이제 책장을 열어보세요. 그곳에서 새로운 발견의 여정이 시작될 것입니다.

_과학탐험가 문경수

● 지구와 생명의 역사를 다룬 많은 책이 있지만, 이 책은 특별합니다. 복잡한 과학적 개념들을 우아한 그림과 함께 명쾌하게 풀어내어, 독자들이 자연스럽게 이해할 수 있도록 안내합니다. 각 페이지마다 적절히 배치된 간결한 문장은 긴 글에 부담을 느끼는 독자들도 편안하게 읽어나갈 수 있게 해줍니다.

특히 지구의 역사와 생명의 탄생, 진화에 관심이 있는 초보자들에게 이 책은 필독서입니다. 불필요한 설명을 배제하고 핵심적인 정보만을 정확하게 전달하는 방식은, 독자들이 46억 년의 장대한 이야기를 한눈에 파악할 수 있게 해줍니다. 시대별 환경 변화와 생명체들의 진화 과정이 마치 한 편의 다큐멘터리를 보는 듯 생생하게 펼쳐집니다. 오스트랄로피테쿠스와 네안데르탈인, 그리고 호모 사피엔스의 관계를 알고 싶은 독자도 이 책에 담긴 한 장의 그림으로 충분히 만족할 것입니다.

이 책의 가장 큰 미덕은 바로 정확성입니다. 읽기 쉬운 책은 모호하거나 부정확한 정보를 담곤 하는데, 오랫동안 대학에서 지구과학을 가르쳐온 저자는 과학적 사실들을 왜곡 없이 전달합니다. 이 책은 지구의 탄생부터 현재에 이르기까지, 우리가 알아야 할 본질적인 이야기를 가장 효과적인 방식으로 전달하는 탁월한 안내서입니다. 무엇보다 지하철 한쪽 구석에 서서 휴대폰을 들여다보는 대신 읽을 수 있는 과학책입니다.

_극지연구소 극지환경재현실용화센터준비단장 이유경

● 이 책은 태양계의 형성과 시작된 지구 생명의 40억 년 여정을 그림과 함께 생생하게 펼쳐 보입니다. 미행성의 충돌로 태어난 원시지구는 수많은 격변과 진화를 거쳐 오늘날의 모습을 이루었으며, 그 과정에서 생명이라는 경이로운 존재가 우연처럼 등장했습니다.

지구의 역사는 끊임없는 변화와 도전의 연속이었습니다. 화성 크기의 천체와 충돌하며 달을 탄생시킨 사건, 대기가 만들어지고 바다가 형성된 과정, 그리고 판구조운동으로 대륙과 해양이 재편된 이야기는 지구가 얼마나 역동적인 행성인지를 보여줍니다.

특히, 생명은 지구의 환경 변화와 우연한 기회를 통해 나타났습니다. 초기 생명체는 극한의 환경에서도 생존하며 진화의 씨앗을 틔웠습니다. 그러나 생명의 역사는 단순히 성장과 번영으로 점철된 것이 아닙니다. 지구는 눈덩이처럼 얼어붙는 극한기후를 겪었고, 수차례의 대멸종은 생명체의 흐름을 끊어버리기도 했습니다. 하지만 역설적으로 이러한 멸종은 새로운 생물들이 나타나도록 길을 열어주었고, 생태계는 변화와 적응을 통해 더욱 다채로워졌습니다.

이 책은 지구의 역사 속에서 생명의 출현과 소멸, 그리고 그 뒤를 잇는 새로운 생명체들의 등장 과정을 통해 자연의 놀라운 복잡성과 조화를 보여줍니다. 우리에게 지구라는 행성이 얼마나 특별하고, 그 위에서의 생명이 얼마나 소중한지를 깊이 생각하게 합니다. 40억 년의 긴 생명의 역사를 통해 생물의 진화가 지구와 맺고 있는 긴밀한 관계를 이해하게 될 것입니다.

_지구과학야외학습연구회장 권홍진

● 아름다운 행성인 지구에 살고 있는 지구인으로서 과학적인 설명과 지구의 아름다움을 그림으로 표현한 책을 만나게 되어 반갑습니다. 46억 년이라는 긴 역사 속에서 생명이 어떻게 시작되었는지는 알 수 없지만, 셀 수 없을 정도로 많은 생물들이 번성하여 각기 아름다움을 뽐내고 서로 경쟁하며 하루하루 최선을 다하여 삶을 살아내고 있는 여기는 지구입니다. 현재 우리는 지구와 같이 생명이 풍부한 어떤 곳도 알지 못합니다. 인간이 소비한 화석연료로 인하여 발생한 이산화 탄소 때문에 지구 환경이 나빠지고 있습니다. 우리 인류는 어떻게 서로 힘과 지혜를 모아 이 어려운 문제를 해결할 수 있을까요? 내가 무심코 하는 소비 행위로 인하여 많은 이산화 탄소가 발생합니다. 우리는 물건 하나를 살 때도 탄소발자국을 생각하며 그 양이 적은 것을 선택해야 합니다. 이런 선택이 귀찮고 때로는 매우 불편할 수 있지만, 지구의 역사를 알고, 지구 생명체들의 역사를 안다면, 지구에 있는 모든 물건과 물질들을 좀 더 소중히 여기며 살아가지 않을까요? 이 책이 그런 마음가짐을 갖게 하는데 좀 더 도움을 줄 것이라 생각합니다.

_서울과학교사모임

● 청소년기에 호기심과 아름다움으로 자연을 만나면 과학을 좋아하게 됩니다. 지구라는 행성에서 생명현상의 진화 과정을 역동적이고 다양한 그림으로 표현한 이 책은 생명 진화의 구체적이고 체계적인 핵심 지식을 간결히 잘 설명했습니다. 보고 느끼는 과정에서 자연과학 지식이 스며드는 좋은 책입니다.

_『박문호 박사의 빅히스토리』저자 박문호

CONTENTS

【지금 NOW】

푸른 행성 지구

The Blue Planet

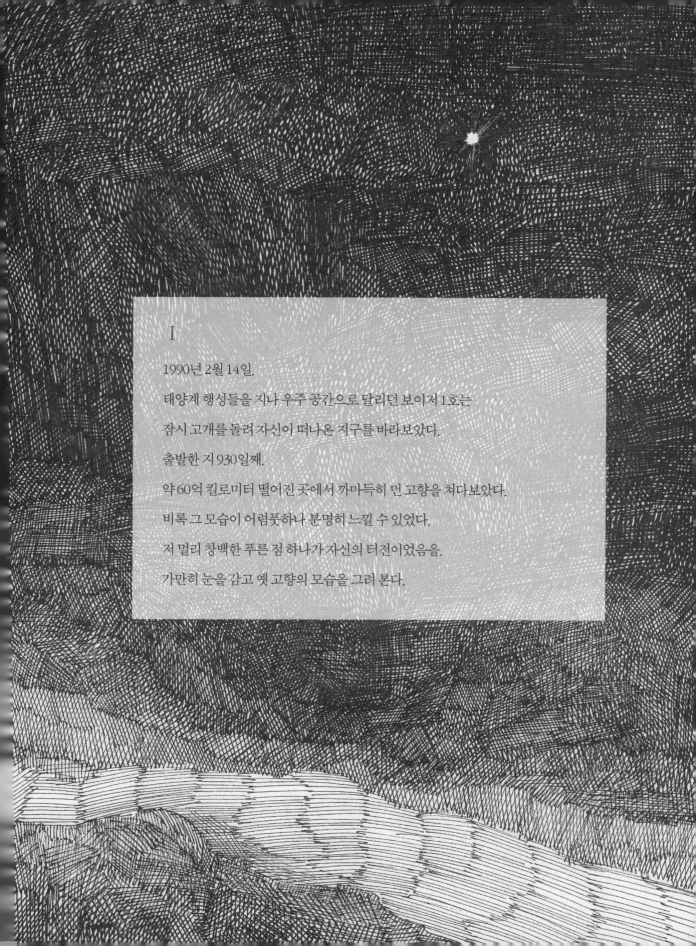

I

1990년 2월 14일.

태양계 행성들을 지나 우주 공간으로 달리던 보이저 1호는

잠시 고개를 돌려 자신이 떠나온 지구를 바라보았다.

출발한 지 930일째.

약 60억 킬로미터 떨어진 곳에서 까마득히 먼 고향을 쳐다보았다.

비록 그 모습이 어렴풋하나 분명히 느낄 수 있었다.

저 멀리 창백한 푸른 점 하나가 자신의 터전이었음을.

가만히 눈을 감고 옛 고향의 모습을 그려 본다.

II

너무나도 푸르렀던 행성.

하늘에는 흰 구름이 떠다니고, 대륙은 푸른 바다로 둘러싸여 있다.

바다에는 다양한 물고기가 헤엄쳐 다니고,

수면 위로 올라온 고래가 가쁜 숨을 몰아쉰다.

해안에서 사람들은 물놀이에 여념이 없다.

땅 위로 눈을 돌리면 높은 산맥이 있는가 하면, 넓은 들판도 있다.

초원에서는 동물들이 뛰어다니고 숲에는 크고 작은 나무들이 우거져 있다.

산의 계곡을 따라 강물이 굽이치고

삼각주를 거쳐 바다로 흘러간다.

남쪽과 북쪽의 끄트머리는 하얀 얼음으로 덮여 있다.

III

푸른 행성에는 기후와 지형에 따라 아름다운 생태계가 만들어져 있다.

따뜻한 지역에서는 생명이 다양하게 진화하여 많은 종의 생물이 살고 있다.

남극과 북극처럼 기온이 낮고 혹독한 환경에서는

생물 수도 많지 않고, 다양하지도 않다.

높은 산지 또한 춥고 바람이 강한 어려운 환경이다.

낮은 키의 식물들이 자라고, 추운 기후에 적응한 동물들이 살고 있다.

따뜻한 환경에서도 추운 환경에서도 지구의 생태계는

그들만의 삶을 지켜내고 있다.

IV

다양한 생명이 수놓는 아름다운 지구의 생태계.

생명이 살아가는 환경 또한 다채롭다.

물이 있는 수권, 돌로 이루어진 암석권, 생물이 번성하는 생물권, 얼음으로 덮인 빙하권.

그리고 공기로 덮인 대기권.

지구 표면의 71%는 바다이고, 나머지는 육지다.

생명은 바다에서도 육지에서도 열심히 하루하루 살아가고 있다.

V

태양계에서 생명이 사는 유일한 행성, 지구.

46억 년 전에 태어나 생명을 잉태하고 함께 살아온 지구.

미래에는 더 행복할 수 있다는 꿈을 꾼다.

그런 지구의 꿈을 전하기 위해 보이저는 오늘도 그리고 내일도 우주를 달린다.

지구의 탄생과 생명의 씨앗

Origin of the Earth & Seed of Life

I

약 46억 년 전

우리은하의 가장자리에서 태양계가 탄생했다.

먼저 우리의 별, 태양이 만들어졌다.

태양 주위로 가스와 티끌이 모이고 회전하며

작은 크기의 미행성들이 자라기 시작했다.

미행성들은 부딪치고 깨지고 다시 모여 점점 커졌다.

그리고 마침내

수성, 금성, 지구, 화성, 목성, 토성, 천왕성,

해왕성이 줄지어 선 행성계가 만들어졌다.

Ⅱ

지구에도 크고 작은 미행성들이 충돌했다.

충돌로 발생한 열에너지는 지구의 물질을 녹였다.

지구는 마그마로 뒤덮였다. 마그마로 된 바다가 만들어진 것이다.

마그마 속에 있던 무거운 금속은 가라앉아 핵이 되었고

가벼운 물질은 지구의 껍질인 지각을 만들었다.

지각과 핵 사이에는 맨틀이 자리잡았다.

커다란 미행성이 지구에 충돌했을 때 깨진 물질들이 다시 모여 달이 되었다.

지구와 달이 사이좋게 태양 주위를 돌기 시작했다.

Ⅲ

물을 포함하는 미행성들이 있었다.

그들이 지구와 충돌하면서

수증기와 더불어 이산화탄소, 질소, 메테인 같은 여러 기체가 빠져나왔다.

지구 둘레에 두꺼운 대기가 만들어졌다.

지구의 표면은 뜨거운 마그마의 바다

그리고 하늘에는 뜨거운 수증기의 대기

마치 시뻘건 불구덩이 위를 한증막 같은 뿌연 연기가 뒤덮고 있는 모습이다.

상상조차 하기 어려운 숨 막히는 광경이다.

IV

미행성의 충돌이 잦아들고

마그마의 바다는 조금씩 굳어 암석이 되어 땅을 만들었다.

대기의 수증기도 점차 식어 빗방울이 되어 지구의 표면을 적신다.

비라고 해도 아주 뜨거운 비다.

땅 위로 비가 쏟아져 내린다.

높은 곳에서 낮은 곳을 향해 빗물이 흘러가고,

마침내 지표에는 어마어마하게 커다란 물웅덩이가 만들어진다.

바다가 생겼다. 약 44억 년 전의 일이다.

수증기가 지표에 바다를 만들면, 대기 속에는 두꺼운 이산화탄소가 남는다.

바다는 대기의 이산화탄소를 빨아들이고,

조금씩 대기 속의 이산화탄소도 줄어든다.

아직 지표에서 산소를 찾아보기 어렵고,

이산화탄소의 대기는 당분간 이어진다.

V

우주가 처음 시작되었을 때 수소와 헬륨이 만들어졌다.

그리고 별이 탄생하고 죽어가면서 여러 원소가 만들어졌다.

우주가 만든 원소들이 생명을 이루는 기본이 된다.

수소에 탄소, 질소, 산소 그리고 유황과 인.

이 원소들의 결합이 생명의 기본 물질인 아미노산을 만든다.

아미노산은 우주 공간에서도 만들어졌다.

그리고 지구에서도 만들어졌다.

지구의 아미노산은 우주에서 왔을 수도 있고, 지구에서 만들어졌을 수도 있다.

무엇이 지구 생명의 처음이었는지는 아직 모른다.

생명의 탄생

Origin of Life

I

약 44억 년 전 대기를 이루던 엄청난 양의 수증기가

한꺼번에 지표로 쏟아져 내려 지구에 바다가 생겼다.

뜨거운 빗물이 지표의 암석 위를 흐른다.

물은 암석 속의 광물과 반응하여 많은 금속 이온을 녹였다.

지구 최초의 바닷물은 지금과는 전혀 다른 물이었다.

뜨겁고 산성이며 많은 금속 이온을 포함한 시커먼 물이었다.

II

생명이 탄생하던 지구는 지금과는 다른 세상이다.

바다로 덮여 있지만, 지금처럼 푸른 바다는 아니었다.

바다 위의 대기도 지금과 같은 맑고 투명한 대기는 아니었다.

바다는 검고 탁했으며

대기도 이산화탄소가 두껍게 덮었고

태양조차 빛을 잃었다.

지구 최초의 땅-바다-대기의 환경은 어둡고 황량했다.

산소도 거의 없던 무산소의 환경

그 속에서 살아 숨 쉬는 것은 하나도 없었다.

III

바닷속 아주 깊은 곳에 뜨거운 물이 솟아 나오는

해저 열수계로 불리는 장소가 있었다.

그 아래 땅속에는 뜨거운 마그마가 있었다.

지하로 스며든 바닷물이 마그마의 열로 데워졌다.

뜨거운 물인 열수가 해저 표면으로 뿜어져 나왔고

열수에는 황화수소와 메테인 같은 성분들이 포함되어 있었다.

그 성분들을 이용하여 간단한 아미노산이 만들어졌다.

생명 진화의 첫걸음을 뗀 것이다.

아미노산이 단백질이 되고, 뉴클레오타이드가 핵산이 되어

생명의 체제를 만들어간다.

그리고 세포가 만들어진다.

IV

아미노산에서 단백질이

뉴클레오타이드에서 핵산이 만들어졌지만

물속을 떠다니다 흩어져 버리기 일쑤다.

그런데 이들을 모으고 가두는 막이 생겼다.

세포막이 생기고 단백질과 핵산을 품었다.

넓은 바다에 흩어지는 대신 갇힌 막 속에서 반응이 계속된다.

그리고 마침내 온전한 세포가 태어났다.

최초의 생명은 오로지 하나의 세포로 만들어졌다.

아직 세포의 핵을 갖지 못한 원핵세포.

핵을 감싸는 핵막도 없고, 세포소기관도 없는

단순한 구조의 세포였다.

V

깊고도 깊은 해저에 열수를 분출하는 굴뚝이 생겼다.

열수분출공이다. 그곳에서 세포가 만들어졌다.

열수의 뜨거움은 세포가 살아가는데 에너지가 된다.

높은 온도에서 살 수 있는 최초의 생물이 탄생했다.

호열성 생물이다.

우리가 사는 세상과는 전혀 다른

산소가 없던 뜨거운 환경에서 태어난 생명.

경이롭기 그지없다.

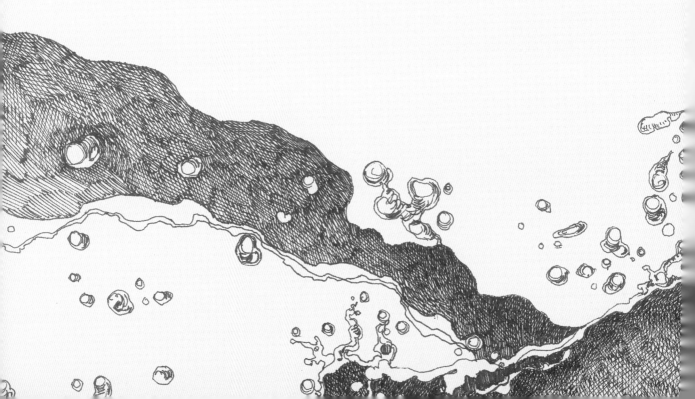

VI

깊은 바닷속 물은 차갑고 산성이며 양이온이 풍부했다.

그 물과 뜨겁고 알칼리성이며 음이온이 많은 열수가 만난다.

열수에서 태어난 생명.

그 세포의 안쪽과 바깥쪽에 전하의 차이가 생긴다.

그리고 그 차이가 전기에너지를 만들었다.

열수분출공 주변의 세균이 가졌던 새로운 동력이다.

에너지가 없는 곳에서는 생명이 살 수 없다.

이들은 전기에너지를 사용하여 삶의 터전을 넓혀갔다.

시간이 흐르면서 그들의 터전이 열수분출공에서 조금씩 멀어져 갔다.

깊고도 어두운 바다에서 여러 세균이 생겨났고

삶의 영역을 넓혀갔다.

세균이 발생한 지구의 바다에서

먼 훗날 '사람'이라 불리는 생물의

최초의 조상이 탄생했다.

적어도 약 38억 년 전에.

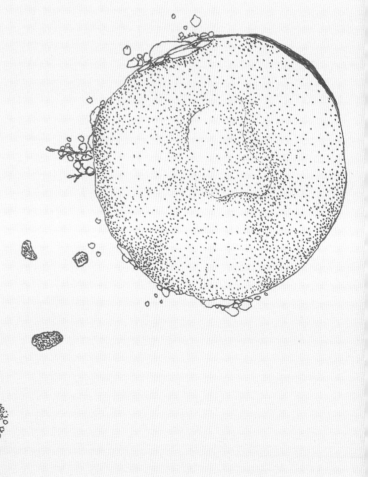

시아노박테리아와 광합성

Cyanobacteria and Photosynthesis

Ⅰ

열수분출공 주변에서 탄생한 최초의 생명은 점차 주변으로 이동했다.

산소가 없는 환경에서 삶을 영위하던 그들은 혐기성 원핵생물로 불린다.

현재 그들의 흔적은 거의 남아있지 않지만

여러 종류의 생물이 있었을 것이다.

Ⅱ

어느 날, 깊은 물 속에서 살던 작디작은 생명이 수면 근처까지 올라왔다.

예전에 여기까지 왔던 동료들은 모두 죽어버렸다.

태양에서 오는 강한 광선 때문이었다.

하지만 강력한 태양 광선의 유혹을 뿌리치기 힘들었다.

물속으로 비치는 빛을 향해 몸을 돌리는 생물이 생겨났다.

다사로운 햇빛이 에너지가 됨을 알아차렸다.

햇빛을 이용하여 물속의 철 성분과 황화합물로부터 스스로 양분을 만들었다.

유레카! 햇빛으로부터 유기물을 만드는 방법을 찾아낸 것이다.

지구라는 행성에서 생명이 살 수 있는 너무나도 중요한 발견이었다.

Ⅲ

빛에 의한 유기물 합성, 즉 광합성이 시작되었다.

우리가 알고 있는 광합성과 다른 점은, 생명의 초기 단계에서 혐기성 생물은

광합성으로 산소를 발생시키지 않는다는 것이다.

광합성 세균이 나타나기 이전까지 원핵생물들은

열수분출공의 열에너지를 이용하거나

세포 내부와 외부 사이의 이온교환반응으로

전기에너지를 만들어 물질대사에 사용했다.

이러한 화합합성은 최초의 생명이 발생하는 중요한 과정이었다.

그리고 커다란 전환점이 된 것이 바로 빛에너지를 이용한 광합성이다.

IV

점점 더 많은 세균들이 햇빛의 에너지를 이용하기 위해 수면 가까이 모여들었다.

그들 중에는 조금 독특한 세균이 있었다.

청록색의 아주 작은 생물, 시아노박테리아다.

시아노박테리아는 빛에너지를 사용하기 시작했다.

심해의 바다에서 햇빛이 비춰는 수면 가까이 생명이 이동했다.

얼마나 많은 세균이 광합성을 했는지 알 도리가 없다.

한 가지 확실한 것은 당시 광합성을 했던 세균 중

지금까지 살아남은 것이 바로 시아노박테리아라는 사실이다.

V

시아노박테리아가 등장하기 이전의 지구는 하늘도 바다도 검붉은색이었다.

대기에는 산소가 거의 없었고, 대신 이산화탄소와 메테인 같은

온실효과 기체가 풍부했다.

메테인의 화학반응으로 만들어진 아주 작은 미립자가

햇빛을 반사시켜 하늘은 붉게 물들었다.

바닷속에는 열수분출공에서 철 이온과 금속 원소들이

풍부한 시커먼 열수가 뿜어져 나왔다.

하늘도 바다도 마치 비명을 지를듯한 풍경 속에서 시아노박테리아가 탄생했다.

VI

시간이 흘러 새로운 광합성이 이루어졌다.

광합성에 사용되는 철 성분이나 황화합물은 양이 그리 많지 않다.

대신, 엄청난 양의 물이 지표를 덮고 있다.

광합성을 하던 세균들이 물을 사용하기 시작했다.

황화수소 대신 물을 이용한 반응으로 유기물을 만들었다.

하지만 그 반응으로 예상치 못한 부스러기가 만들어졌다.

바로 산소다.

시아노박테리아의 광합성으로 유기물을 만들고 부스러기인 산소가 생겼다.

드디어 산소를 발생시키는 광합성이 시작된 것이다.

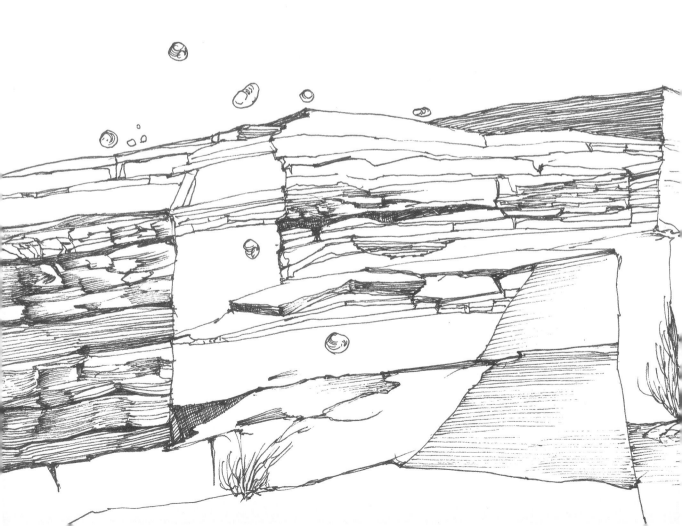

VII

산소는 불안정하고, 반응성이 큰 원소다.

산소는 바닷속의 철 이온과 반응하여 산화철의 광물을 만들었다.

무거운 광물은 해저에 가라앉아 퇴적되었다.

두꺼운 철광물의 퇴적층이 만들어졌다.

산소는 대기 중의 메테인과 반응하면서 메테인은 점차 줄어들었다.

메테인의 반응으로 생긴 미립자도 줄어들고 하늘의 색은 점차 푸르게 변해갔다.

광합성으로 이산화탄소가 소비되면서 대기는 얇아졌고 메테인과

이산화탄소의 자리는 산소로 채워졌다.

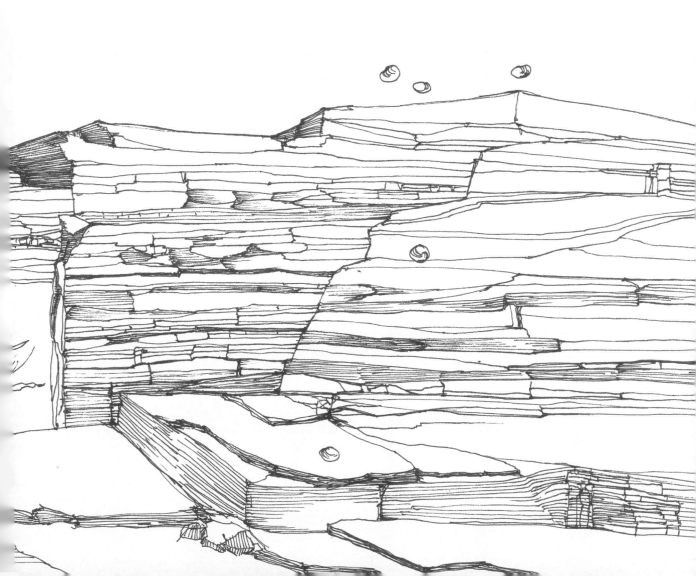

서서히 진화하다

Evolution

Ⅰ

시아노박테리아가 언제 탄생했는지 확실하지 않다.

또한 시아노박테리아가 언제부터 산소를 만들어내는 광합성을 했는지도 모른다.

분명한 것은 시아노박테리아에 의해 지구에 산소가 발생하기 시작했으며,

약 29억 년 전 무렵의 흔적이 가장 오랜 것이다.

지구에서 산소는 광합성 이외의 방법으로는 만들어지지 않는다.

어쨌든 시아노박테리아에 의해 산소가 만들어졌고

바닷물 속에도 대기 속에도 산소가 많아졌다.

Ⅱ

바다에 살던 시아노박테리아가 광합성을 하기 위해서는

빛이 도달할 수 있는 깊이에서 살아야 한다.

그리고 태양에서 오는 강한 광선으로부터

자신의 몸을 보호할 수 있어야 했다.

그리고 어느 순간 죽음을 불러왔던 그 광선이 약해졌다.

약 27억 년 전 지구의 내부에서는 큰 변화가 일어났다.

금속으로 된 외핵이 아주 활발하게 대류하기 시작했다.

그리고 지구의 자기장이 강력해졌다.

지구 바깥에서 들어오는 해로운 광선을 막아주는

생명의 보호막이 생겼다.

세균들은 조금씩 조금씩 수면 가까이 올라왔고

시아노박테리아 또한 마찬가지다.

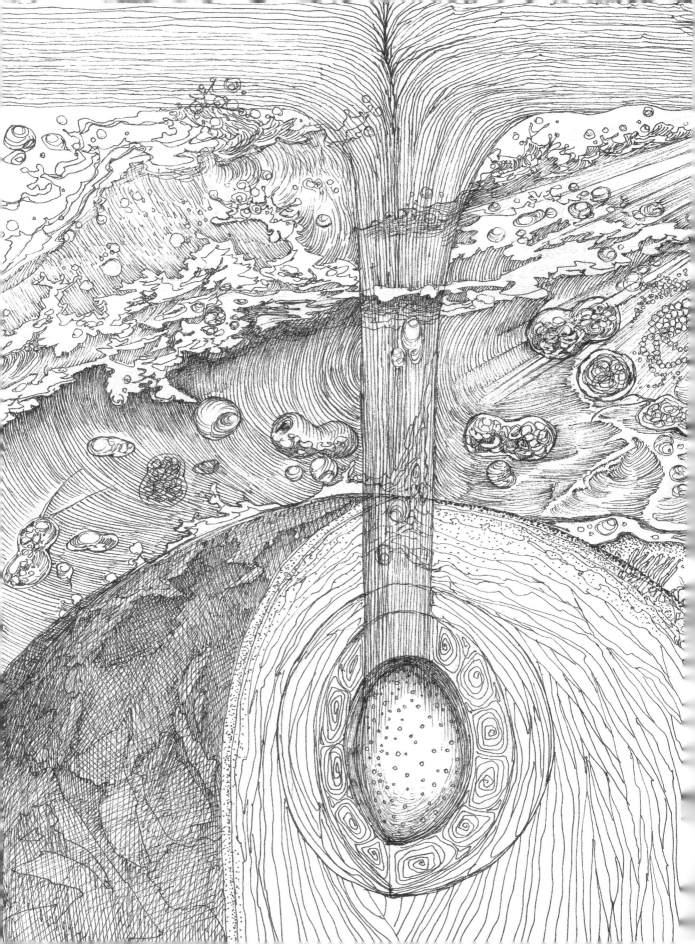

III

산소가 없던 환경에서 산소가 있는 환경으로의

전환은 세상이 통째로 바뀌는 변화다.

바닷물 속의 산소는 대부분의 초기 생명에게는 독이었다.

무산소의 혐기적인 환경에서 서식하던 생물들이

갑자기 산소가 풍부한 환경에 적응하지 못하고

하나둘씩 죽어가기 시작했다.

'산소 재앙'이라 부르는 사건이었다.

산소가 없던 바다에서 태어나 살아가던 많은 원핵생물이 멸종했다.

IV

시아노박테리아의 활발한 광합성이 진행되면서

또 다른 이상한 일이 동시에 일어났다.

광합성이 활발해지면서 대기 속의 이산화탄소가 점점 줄어들었다.

그만큼 산소가 늘어났다.

하지만 대기 속에 있던 메테인이 새로 생겨난 산소와 반응하여 분해되어 버렸다.

이산화탄소와 메테인은 지구를 따뜻하게 하는 온실기체다.

그런 기체들이 줄어들었다.

지구의 기온이 내려가기 시작했다.

시아노박테리아의 초기 산소발생형 광합성으로

지구가 추워지기 시작했다.

어쩌면 29억 년 전 무렵의 지구 한랭화에는

시아노박테리아가 한몫했을지도 모른다.

V

시아노박테리아의 등장은 지구 생태계의 극적인 전환점이었고

시아노박테리아는 두 얼굴을 가진 생명의 조절자였다.

산소를 발생시킴으로써 그 독으로 인해 대부분의 초기 생명을 멸종시키고

대기 속의 메테인을 분해함으로써 지구 한랭화의 원인을 제공했다.

하지만 산소의 이로움을 받아들인 생명에게는

더욱 크고 강하게 살아남는 기폭제가 되기도 했다.

VI

시아노박테리아는 먼 훗날 사람이라는 종에게 선물을 남겼다.

시아노박테리아가 만든 산소는 바닷속에 넘쳐나던 철 이온을 산화시켜

두꺼운 철산화물의 퇴적층을 형성시켰다.

호상철광층이다.

이 철의 광상으로부터 인류의 산업발전에 필수였던 철이 공급되고 있다.

아주 작은 원시세포 하나가 지구의 생태계를 쥐락펴락했다.

진핵생물의 탄생

Emergence of Eukaryotes

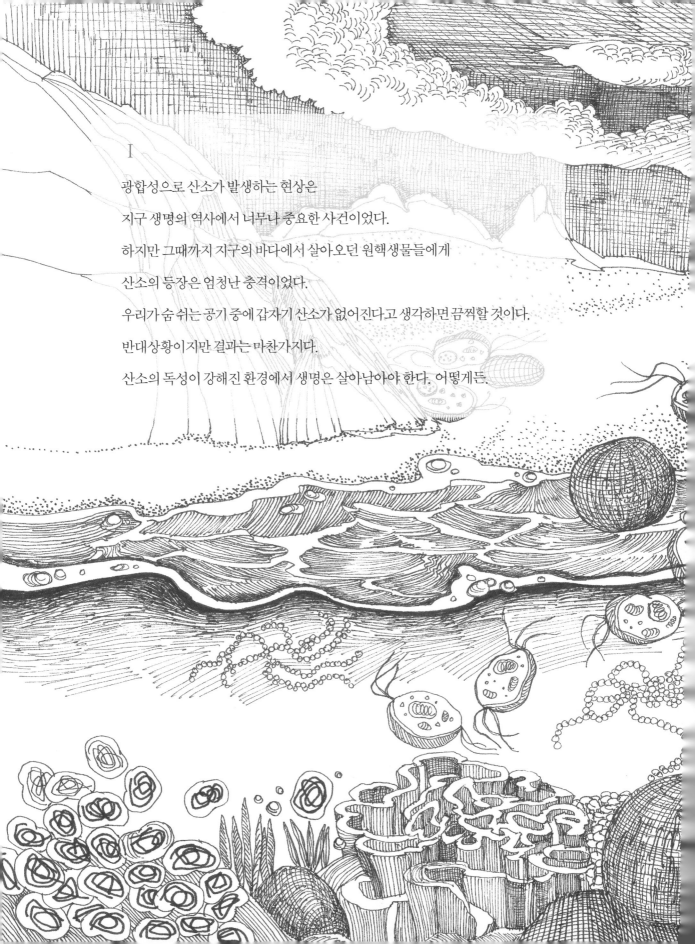

I

광합성으로 산소가 발생하는 현상은

지구 생명의 역사에서 너무나 중요한 사건이었다.

하지만 그때까지 지구의 바다에서 살아오던 원핵생물들에게

산소의 등장은 엄청난 충격이었다.

우리가 숨 쉬는 공기 중에 갑자기 산소가 없어진다고 생각하면 끔찍할 것이다.

반대상황이지만 결과는 마찬가지다.

산소의 독성이 강해진 환경에서 생명은 살아남아야 한다. 어떻게든.

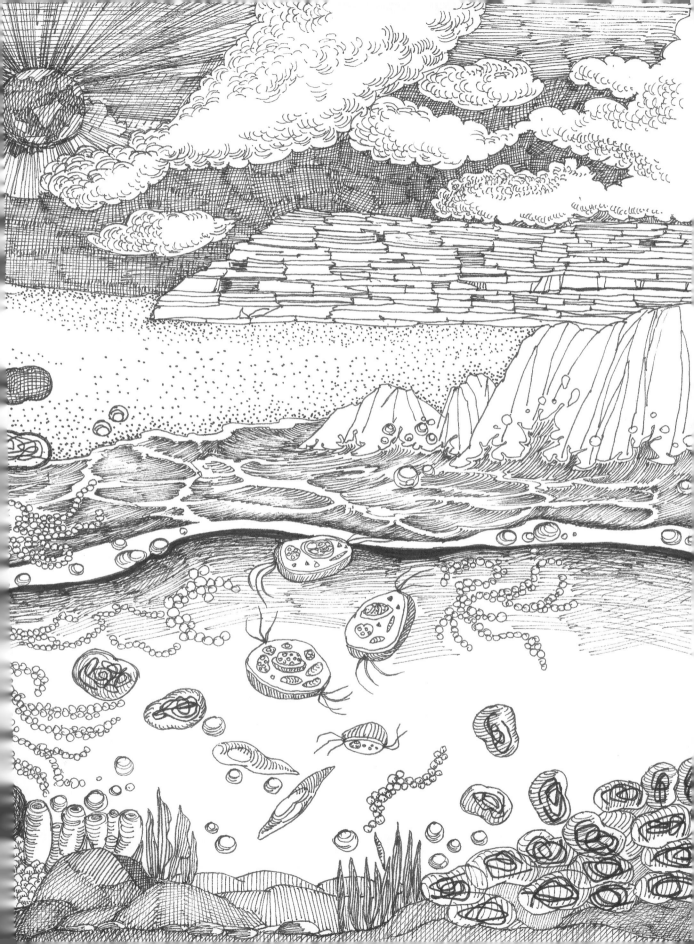

II.

두 가지 방법이 있다.

하나는 그 장소로부터 멀리 도망가는 것이다.

혐기성 생물은 산소가 발생하던 수면 가까이에서

광합성이 일어나지 않는 깊은 바닷속으로 피신했다.

아니면 몸속에서 산소를 이겨 내는 방식으로 진화하는 것이다.

산소를 받아들여 이로운 성분으로 바꾸는 전환은

지구 생명의 역사에서 가장 경이로운 순간이다.

독을 이로운 물질로 바꾸는 혁신이 일어났다.

우리는 이를 '세포호흡'이라 부른다.

일부 세포들이 산소를 이용하여 유기분자로부터 에너지를 얻었다.

III

시간이 흐르고 조금씩 생명은 변화를 거듭한다.

이윽고 산소 환경에 적응한 원핵생물이 등장했다.

어떤 생물들은 자신의 몸 체제를 바꾸었다.

세포 내에 포함되어 있던 유전자를 보호하기 위해 핵을 만들기도 하고,

다른 세포를 자신의 몸속으로 끌어오기도 했다.

세포 내에 유전자를 감싼 핵이 들어있는 진핵세포의 등장이다.

지구에 진핵생물이 탄생했다.

IV

원시지구의 바닷속은 황량하고 외로웠다.

그리고 혹독했다.

최초의 생명이 홀로서기를 계속하는 동안 때로는 둘이 만나

새로운 하나를 이루기도 했다.

우리가 흔히 알고 있는 공생같은 관계다.

두 개의 단세포 원핵생물이 만나 하나를 이루기도 했다.

고세균의 몸속에 기능을 가진 세균이 들어갔다.

V

바닷물 속에는 산소가 많아지기 시작하고 고세균은 세균을 잡아들인다.

잡혀들어간 어떤 세균은 산소를 이용해 유기물을 분해하고

에너지를 얻는 능력을 가졌다.

이 세균은 새로운 보금자리에서 에너지를 만들어내는

세포소기관인 미토콘드리아가 되었다.

광합성을 하던 시아노박테리아도 고세균속으로 들어갔고

거기서 양분을 만드는 엽록체로 진화했다.

이처럼 생명은 어려운 환경을 극복하기 위해 공생을 시작했다.

작은 세포들이 공생관계를 이루었고 서로가 이득을 보았다.

더불어 살아감을 익히게 된 것이다.

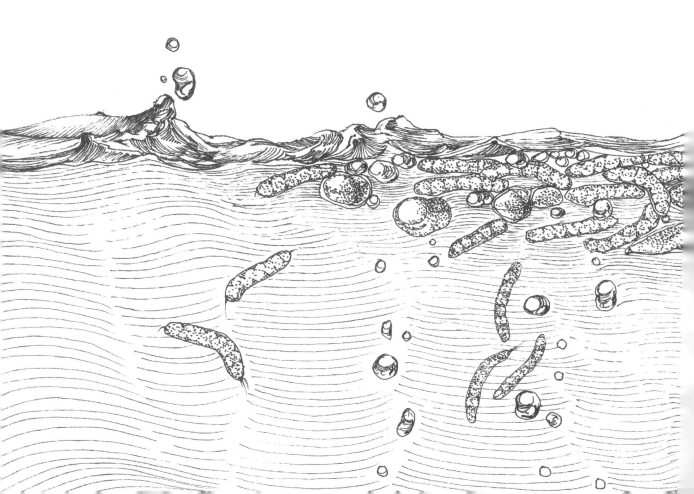

VI

원핵세포가 진핵세포로 되는 과정에 세 가지 변화가 확인된다.

우선 진핵세포는 염색체의 DNA를 핵막으로 보호한다.

한편으로는 에너지를 만드는 세균을 받아들이고,

다른 한편으로는 양분을 만드는 세균을 받아들였다.

고세균의 몸속으로 들어간 세균들은 진핵세포 내의 세포소기관으로 자리잡고

진핵생물이 살아가는데 필요한 역할을 수행했다.

단순했던 원시세포는 좀 더 복잡한 세포로 발전했다.

그리고 하나의 세포에서 에너지도 얻고 먹이도 구하는

효율적인 생명으로 진화했다.

단세포 진핵생물, 즉 원생생물이 탄생한 것이다.

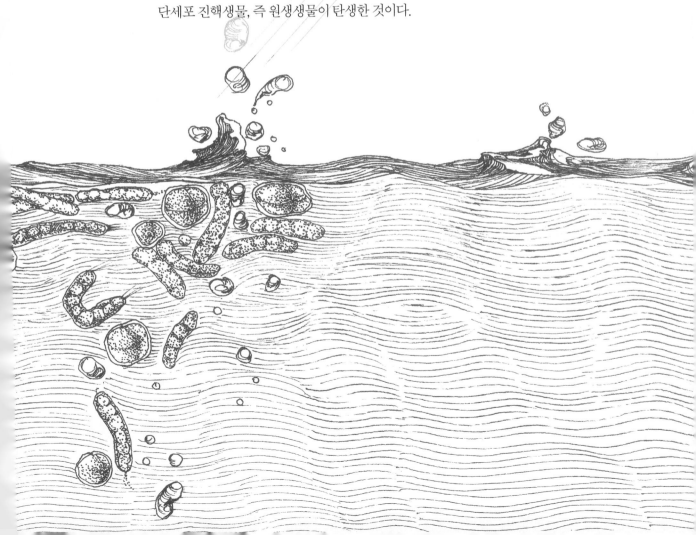

【격변과 생존 Catastrophe & Survival】

눈덩이 지구

Snowball Earth

Ⅰ

시아노박테리아가 산소를 만들기 시작했지만 대기에는 산소가 축적되지 못했다.

처음의 산소발생형 광합성은 그리 효율적이지 못했다.

또한 바다에서 발생한 산소는 물속의 철 성분과 반응하여 광물로 침전했다.

그리고 약 27억 년 전 무렵 지구의 여기저기에서 엄청난 화산활동이 일어났다.

대기로 뿜어져 나온 환원성 기체들이 산소와 반응하여 산소의 축적을 방해했다.

비록 바닷속에서 광합성이 진행되었지만

대기에도 바다에도 기체의 산소는 증가하지 못했다.

II

온실기체인 이산화탄소가 계속 줄어들었다.

그리고 갑자기 태양계 주변의 초신성이 폭발했다.

그러자 강력한 우주선이 지구로 쏟아져 내렸다.

우주선이 지구 대기에 도달하여 수증기를 응결시켜 구름을 만들었다.

두꺼운 구름이 지구를 감싸고 태양복사에너지가 줄어들었다.

지구는 서서히 추워지기 시작했다.

처음에는 극지방이 얼었고, 서서히 중위도까지 얼음으로 덮였다.

얼음은 그나마 적었던 태양복사에너지조차 반사해버렸고

지구의 기온은 더더욱 낮아졌다.

지구가 적도까지 완전히 꽁꽁 얼었다.

마치 눈사람처럼 눈으로 덮인 지구의 모습으로 '눈덩이 지구'라고 불린다.

약 24억 년 전의 일이다.

Ⅲ

약 24억 년 전 무렵의 눈덩이 지구로

바다의 표면도 얼었다.

바다에서 태어나 수면 가까이에서 생활하던,

그때까지 초창기 지구의 험난한 환경에서 힘겹게 살아오던

많은 생명이 죽었다.

그러나 어떤 생명은 얼지 않은 깊은 바닷속으로 이동했을 것이다.

아니면 얼어붙은 지구에서 생명을 유지할 수 있는

다른 장소를 찾아 헤맸을 것이다.

생존한 생명 중에는 시아노박테리아도 있었다.

IV

시아노박테리아는

눈덩이 지구 사건이 일어나기 훨씬 이전부터 살았던 생물이다.

공기에도 물속에도 산소가 없던 환경에서 살았던 원핵생물이다.

그들에게 지구 전체가 꽁꽁 얼어붙은

갑작스런 환경의 변화는 엄청난 충격이었다.

시아노박테리아는 어떻게 살아남았을까?

혹시 얼음을 뚫고 솟아난 뜨거운 화산 주변에서 살았을까?

어딘가 얇은 얼음 아래서 투과된 햇빛을 쬐며 살았을까?

혹독한 환경을 살아남은 시아노박테리아에게 지구로부터 선물이 전달되었다.

번성하고 번성했다.

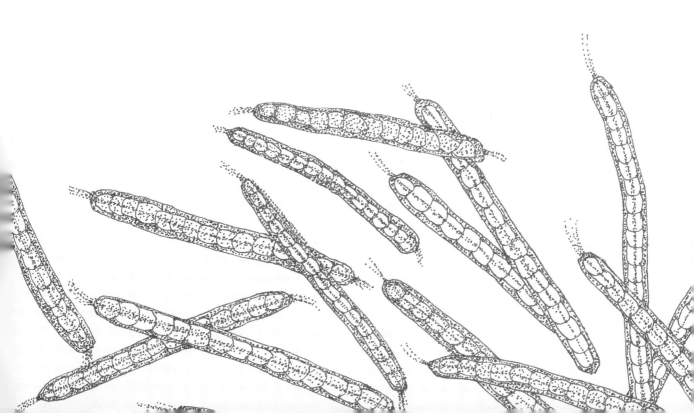

V

태양 빛을 막았던 두꺼운 구름도 서서히 걷히고

얼음 아래서도 뜨거운 입김을 뿜어내던

화산활동의 열에너지가 축적되면서

마침내 눈덩이 지구가 끝나고 지구는 따뜻해졌다.

얼었던 바다도 풀리고 시아노박테리아는 맘껏 햇볕을 쬘 수 있었다.

대기 중에 쌓여 있던 이산화탄소도 바닷물 속에 마음껏 녹아들었다.

생존에 성공한 시아노박테리아는

물속의 이산화탄소와 물을 이용해 먹이를 만들었다.

그리고 함께 만들어진 부스러기를 바깥에 버렸다.

엄청난 양의 산소를 방출한 것이다.

산소는 물속으로, 하늘로 퍼져나갔다.

지구 역사에서 가장 많은 양의 산소가 만들어졌다.

지루한 10억 년

Boring Billion

I

진핵생물이 언제 탄생했는지 확실하지 않지만

약 20억 년 전 무렵에는 등장했을 것으로 생각한다.

원핵생물이 탄생하고 약 18억 년이 지난 다음이다.

해저 깊은 곳에서 태어난 원시세포에서 광합성을 하는 원핵생물로

그리고 다시 세포핵을 가진 진핵생물로의 진화는 아주 길고 긴 여정이었다.

비록 진핵생물이 탄생했지만

여전히 원핵생물과 같은 단세포의 생물이었으며

하나의 세포로 물질대사가 이루어졌다.

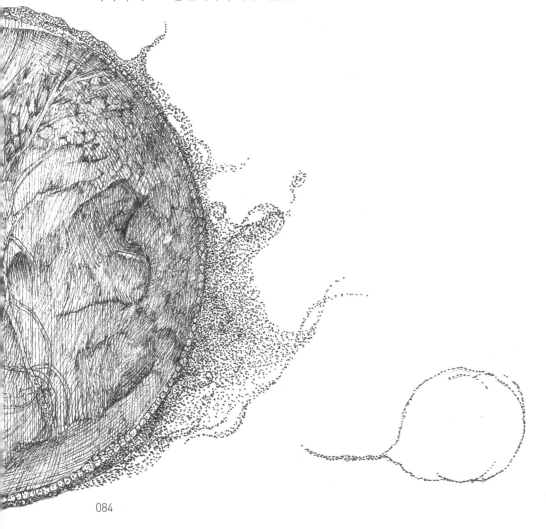

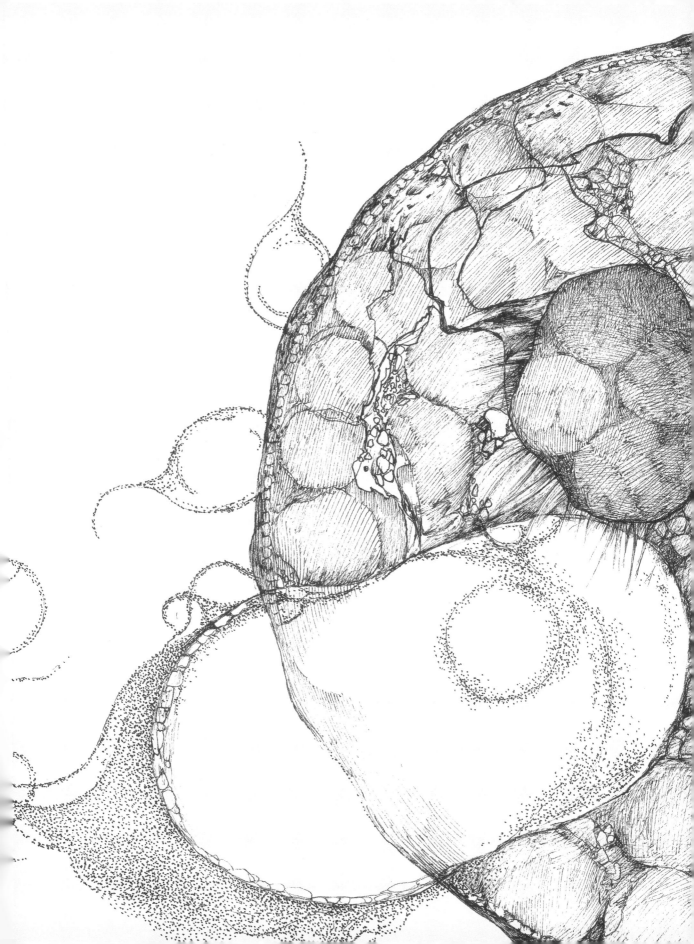

Ⅱ

약 24억 년 전의 눈덩이 지구와 같은 빙하시대가 끝나고

지구의 바다에 진핵생물과 원핵생물이 화합하며 살아가는 동안

지구의 지표는 아주 천천히 변화하고 있었다.

대부분 물로 덮여 있던 지표에 육지가 생겨나고 조금씩 덩치가 커졌으며

대륙의 모습을 갖춘 땅덩어리가 만들어졌다.

육지에서 풍화된 물질들이 바다로 들어가면서 영양염이 풍부해졌다.

육지 가까운 바다에 지구의 원시 생명이 번성했다.

원핵생물도 다양해지고 진핵생물이 태어나고 또한 다양하게 진화했다.

Ⅲ

시아노박테리아와 진핵생물의 엽록체는 광합성으로 산소를 계속 만든다.

바다의 미생물들이 번성했고, 또한 죽어갔다.

죽은 유기물을 분해하는데 산소가 사용된다.

바닷속의 산소는 수면 근처에만 모이고 유기물 분해가 활발한 깊은 곳에는

산소가 없는 무산소 환경이다.

수면 근처에는 광합성을 하는 시아노박테리아 같은 세균이 모여 살았고

조금 더 깊은 산소가 없는 곳에서는 물 대신 황화수소로 광합성하고

황을 만들어내는 황세균이 득실거렸다.

IV

약 20억 년 전의 바다는 수면 가까이 산소가 풍부한 환경과

좀 더 깊은 곳의 무산소 환경이 섞여 있었다.

수면 가까이에는 호기성 생물이, 깊은 곳에서는 혐기성 생물이 다양해졌다.

그리고 10억 년 동안 이런 상태가 지속되었다.

바다의 깊이에 따라 둘로 나뉜 채 생명은 지루한 10억 년을 보내며

새로운 변화를 모색했다. 단순함에서 복잡함으로의 전환이 꿈틀거렸다.

V

바다의 환경은 10억 년 동안 지루하리만큼 변화가 없었지만

육지는 끊임없이 그 모습을 바꾸었다.

작은 땅덩어리가 모여 큰 땅이 되고 더 큰 땅덩어리가 나타났다.

대륙이 생기고, 대륙끼리 뭉치고 전체 대륙이 하나로 연결되는 초대륙이 탄생했다.

대륙의 탄생과 진화는 생명이 살아갈 지구의 환경에 큰 영향을 주게 된다.

다세포 생명으로의 진화

Evolution to Multicellular Life

I

다세포 생물이 나타나기 전까지 모든 생물은 하나의 세포로 이루어진 단세포로 존재했다.

세포내공생으로 진핵세포가 탄생했고 공생 또한 여러 단계로 진행되었다.

생물이 몸의 구조, 즉 체제를 바꾸는 데는 그만한 이유가 있다.

무엇이 생명 진화의 단계에서 단세포로부터 다세포로 이끌었을까?

거기에는 치열했던 생존의 싸움이 있었다.

II

원핵생물과 단세포의 진핵생물에게 지구의 환경은 그리 호락호락하지 않았다.

지표에 드러난 커다란 대륙의 땅들은 모였다 떨어지기를 반복하고

해수면은 낮아졌다 높아지기를 반복하고 시시때때로 커다란 화산들이 폭발했다.

시아노박테리아가 산소를 계속 만들었고 대기 속에는 산소가 많았지만

바닷속에는 상황이 달랐다.

수면 가까운 곳에서만 산소가 풍부한 환경이었고

깊이 내려갈수록 산소가 없는 환경이었다.

환경이 혹독할수록 비교적 단순한 체제의 생명이 살아남기 쉽다.

생명은 단세포 상태로 그토록 오랜 세월을 견뎌냈다.

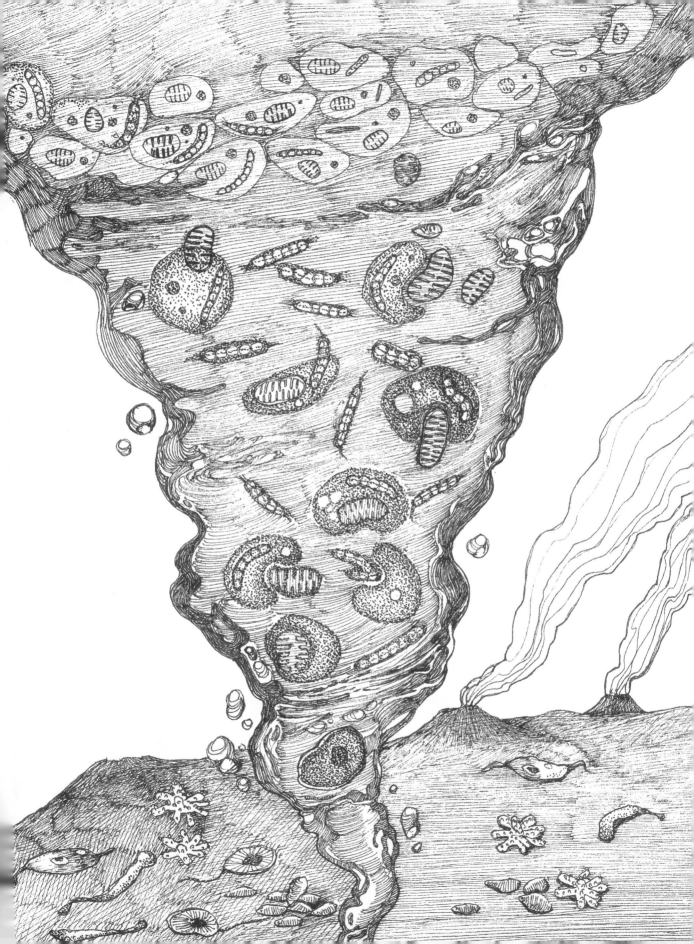

III

드물게 단세포들이 모여 집단을 이루기도 했다.

때로는 하나보다 둘 이상이 유리한 경우를 발견했기 때문이다.

다세포생물로의 진화는 한 걸음씩 한 걸음씩 진행되었다.

그냥 세포가 여럿 모여 다세포가 되는 것은 아니다.

서로의 유전자가 충돌하지 않아야 하고 서로가 맡을 역할에 대해 조정도 해야 했다.

어느 순간 지구의 바다에 다세포생물이 나타났다.

드물지만 약 20억 년 전의 흔적이 발견된다.

그리고 그로부터 지루한 10억 년 동안 아주 느리게

다세포 생명으로의 진화가 이어졌다.

그러다 다시 지구가 꽁꽁 얼어붙은 빙하시대가 찾아왔다.

IV

지루한 10억 년이 거의 끝날 무렵 약 7억 년 전부터 1억 년 가까이 이어진

크라이오제니안 빙하시대로 말미암아 당시까지의 많은 생물이 사라졌다.

그리고 다시 온난한 지구로 되돌아왔다.

한랭한 기후에서 온난한 기후로 돌아온 것은 그냥 원래의 위치로 온 것이 아니다.

환경이 바뀌면 다시 적응해야 하는 시련을 맞는다.

위기를 넘기 위해 생물은 자신의 체제를 더 적극적으로 바꾸어야 했다.

여러 세포들이 모여 다세포가 되었고,

세포들은 생명 유지를 위해 서로에게 알맞은 기능을 담당하며 성장했다.

무성생식에서 유성생식으로 훨씬 다양해져 환경이 변하더라도

생존의 기회가 커졌고, 진화의 속도가 빨라졌다.

단세포일 때 할 수 없던 일을 다세포는 해냈다.

여럿이 모여 더 커졌고, 또한 생존력이 강해졌다.

V

본격적으로 다세포 동물이 등장한 것 또한 빙하시대가 끝난 뒤였다.

그리고 다시 대기와 바닷속에 산소가 증가했다.

산소의 독성을 극복한 생물들에게 산소가 줄 수 있었던 선물은 에너지였다.

산소를 이용하고서 생물은 몸집이 커졌다.

그리고 그 에너지로 더욱 활발하게 움직였다.

비로소 지구에 동물의 시대가 열렸다.

에디아카라기의 번성이었다.

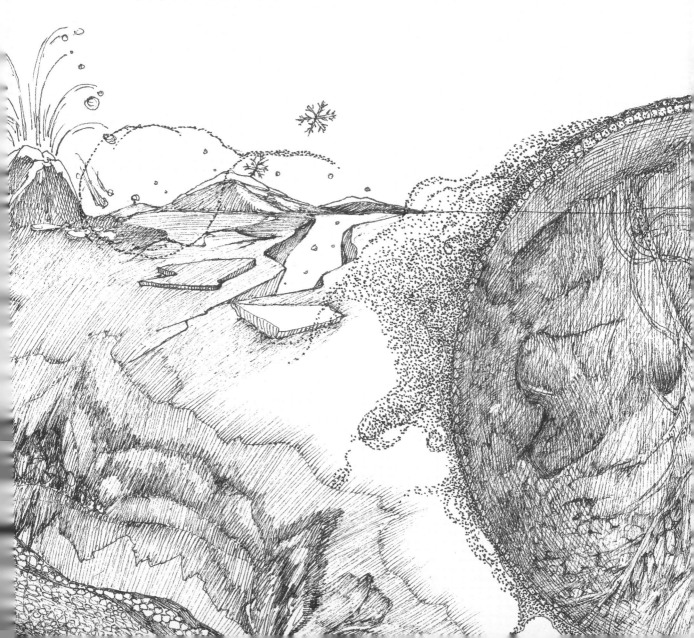

VI

지표의 환경은 때로는 생물을 번성시켰다가

때로는 멸종시키기를 반복했다.

크라이오제니안의 빙하시대가 끝이 나고 에디아카라기의 생물군이 출현했다.

다세포 동물이 나타난 것도 바로 이 시기다.

최초의 후생동물인 해면이 출현했고

자포동물과 좌우대칭동물로 다양화되었다.

단단한 골격의 생물이 출현하고

약육강식의 시대가 열렸다.

VII

하지만 약 5억 5천만 년 전에 찾아온 또 다른 빙하시대 때

에디아카라기의 대부분 생물이 멸종하고

지구의 바다에는 겨우 일부만 살아남았다.

빙하시대가 끝나고 번성했던 생물이 다음 빙하시대에 멸종했다.

그리고 지구는 다시 따뜻해졌다.

그리고 폭발적으로 생물이 번성하기 시작했다.

캄브리아기의 대폭발이 일어났다.

캄브리아기 대폭발

Cambrian Explosion

I

고생대는 약 3억 년에도 못 미치는 길지 않은 지질시대다.

지구 역사의 약 6% 남짓에 해당할 뿐이다.

그러나 옛 생물의 시대라는 뜻을 가진 고생대는

지구의 생물들이 태어나고 번성하고 때로는 멸종한

가장 드라마틱한 시대였다.

약 5억 4천만 년 전, 고생대의 첫 시대인 캄브리아기가 시작되고 나서

갑자기 엄청난 수의 생물이 바닷속에서 태어나고 번성했다.

이 캄브리아기의 대폭발로 현재 우리가 아는 대부분 종의 생물이 탄생한 것이다.

여기까지 오기가 매우 힘들었지만 그 단계를 넘어서니

지구는 생명이 넘쳐나는 행성으로 탈바꿈한 것이다.

Ⅲ

캄브리아기 대폭발로 현재 발견되는 거의 모든 문의 동물들이 출현했다.

해면, 자포, 편형, 연체, 환형, 선형, 절지, 극피, 척삭동물문 등.

그리고 이들로부터 점차 다양화되고 번성했다.

해면동물로부터 출발하여 방사대칭형의 자포동물로

그리고 좌우대칭형의 동물들로.

선구동물과 후구동물로 분기되고 후구동물에서 척삭동물이 나타난다.

드디어 척추동물의 등장이다.

캄브리아기 바다를 주름잡았던 특징적인 동물에 삼엽충이 있다.

삼엽충은 고생대 바다의 주인공이나 마찬가지였다.

IV

지구의 바다에 등장한 최초의 척추동물은 어류다.

약 5억 2천만 년 전에 출현한 하이커우엘라가

모든 척추동물의 선조로 생각된다.

캄브리아기 후반에 출현한 어류는

그다음 시대인 오르도비스기에 크게 번성했다.

V

초기의 어류는 무른 연골의 골격을 가지고 턱이 없던 연골 무악어류였다.

오르도비스기의 바다에는 다양한 무척추동물을 비롯하여

척추동물인 무악어류가 출현하고 번성했다.

하지만 오르도비스기 말에 많은 바다생물이 멸종해버린 사건이 일어났다.

동물의 절반 이상이 죽어버렸다.

이유는 확실하지 않으나 한랭화와 같은 기후변화 때문으로 생각된다.

참으로 아쉽다. 또 멸종이다.

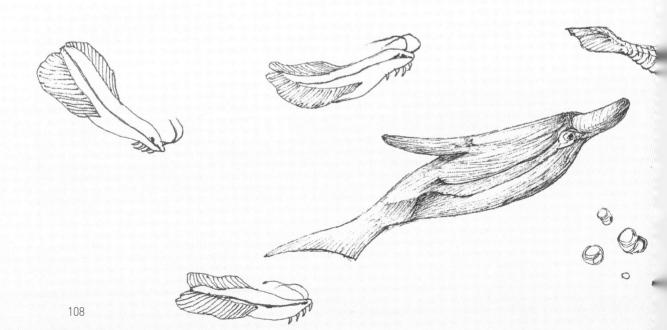

고생대 생물군과 멸종

Paleozoic Biota and Extinction

I

오르도비스기는 바다에서 어류가 번성하기 시작한 시대였다.

또한 오르도비스기는 또 다른 중요한 생물 진화의 시대였다.

바로 식물이다.

바다에 번성하던 바다풀 같은 조류가 육지로 올라갔다.

오르도비스기 초반의 일이다.

처음에는 바다와 육지가 만나는 해안가에 자리 잡았다.

그러다 차츰 내륙으로 들어가 육상 식물이 되었다.

II

멸종이 지나간 자리에 새로운 생명이 움튼다. 항상 그랬다.

지구는 가혹한 듯 보이지만 항상 새로운 생명에게 자리를 내주었다.

그리고 더욱 다양해지도록 도와주었다.

시련 뒤에 더욱 단단해지고 삶에 대한 집착도 강해졌다.

멸종의 시기에도 살아남은 종은 오래도록 지구를 지배했다.

Ⅲ

오르도비스기의 멸종이 끝나고 다음 시대인 실루리아기에 접어들어

바다에는 산호가 나타났고 어류는 더욱 다양해졌다.

그리고 육지에는 더욱 튼튼해진 관다발식물이 등장했다.

그다음 시대인 데본기에 들어서서 최초의 종자식물이 나타났다.

데본기에는 키 큰 식물군이 출현하여 큰 삼림을 이루었다.

양치식물이 번성했다.

IV

데본기의 바다에서는 암모나이트와 어류가 번성했고

본격적인 어류의 시대를 맞이했다.

오르도비스기 말의 멸종을 거치면서 어류는 턱이 있는 유악어류로 진화했다.

그리고 골격이 단단한 경골어류가 등장했다.

특히 경골어류인 조기어류가 나타났는데,

현재 거의 모든 물고기가 조기어류에 속한다.

한편, 데본기에는 폐어와 실러캔스 같은 육기어류가 출현했다

V

육기어류의 지느러미는 차츰 진화하여 팔과 다리로 변하기 시작했다.

사지동물이 나타난 것이다.

어류와 사지동물의 특징을 동시에 가지는 발이 달린 물고기가

해저의 바닥을 기어 다녔을 것이다.

틱타알릭(피셔포드)은 아칸토스테가나 이크티오스테가와 같은

육상과 수중 양쪽에 살던 양서류로 진화했다. 드디어 물고기가 뭍에 오른다.

지구의 동물이 하늘을 처다보게 된 것이다.

VI

육지에 오른 동물은 양서류가 처음이 아니다.

그보다 먼저 무척추 선구동물인 노래기 같은 곤충이 육지에 나타났다.

그 시기는 식물이 육상으로 진출한 시기와 비슷한 오르도비스기 초반의 일이다.

곤충은 식물을 먹고, 식물은 곤충의 포식 행위에 대항하여 다양하게 분화했다.

나중에 육상에 올라온 양서류는 이런 곤충을 잡아먹으며 번성할 수 있었다.

VII

데본기의 지구는 바다의 생물이 번성하고 육지에는 숲이 우거지고

해안가에는 양서류가 집을 짓고 곤충이 하늘을 날아다녔다.

하지만 야속하게도 또다시 환경이 급변했다.

바닷속에서는 산소가 부족해졌고

지구 바깥으로부터 해로운 광선이 지표로 쏟아져 내렸다.

특히 바다의 동물 상당수가 멸종했다.

많은 어류와 삼엽충이 사라져 버렸다.

VIII

데본기 말의 대량멸종이 지나고 또 다른 다양성의 시대가 열렸다.

육지로 진출한 양서류로부터 뱃속에 새끼를 배태하는 양막류가 나타나고

다시 파충류와 포유류로 이어지는 분기가 이어진다.

육상의 식물들이 지구 역사를 통해 가장 번성한 데본기 다음의 석탄기가 시작되고

온난하고 습윤한 환경으로 말미암아 대륙에 습지대가 확대되어 수목이 번성했다.

이 수목들이 땅속에 묻혀 현대 인류에게 석탄이라는 귀중한 자원을 남겼다.

석탄기에 번성한 수목은 대기 중에 많은 산소를 방출했고

산소호흡으로 생산된 에너지는 곤충과 같은 동물의 몸집을 크게 만들었다.

석탄기의 말에도 지표의 환경은 급변하여 빙하시대가 찾아왔다.

엄청난 양의 수목이 땅속에 묻히면서 탄소순환이 무너지고

대기 중 이산화탄소의 감소는 지구에 한랭화를 가져오게 된 것이다.

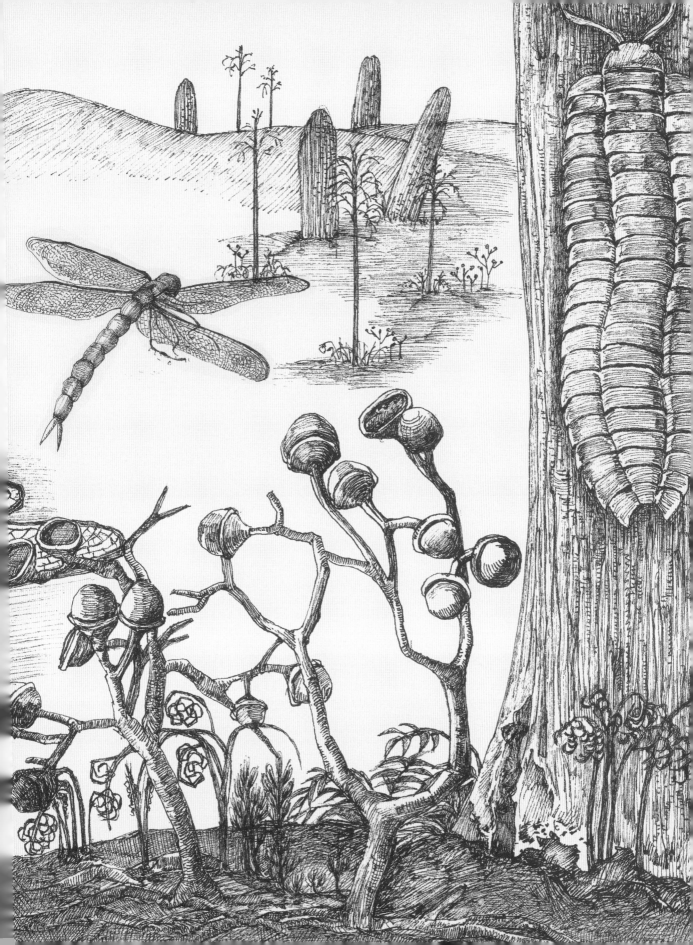

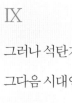

IX

그러나 석탄기의 빙하시대는 곧 끝이 나고

그다음 시대인 페름기의 번성이 이어진다.

페름기 전체로서는 현생누대에서 가장 온난한 시기였다.

양치식물과 겉씨식물을 비롯한 식물이 번성했다.

거대한 양서류와 파충류가 육지를 풍부하게 했으며

바다에도 연체동물, 극피동물, 완족동물, 어류 등 다양한 생물들이 서식했다.

멸종 다음의 번성으로 페름기의 생물상은 지구를 풍요롭게 만들었다.

X

하지만, 그것도 잠시!

지구 역사상 가장 처참한 비극이 기다리고 있었다.

판게아 초대륙의 북동쪽 시베리아와 남중국에서 대규모의 화산활동이 일어났다.

두꺼운 화산분출물이 대기를 덮고 지구는 한랭화되고 빙상이 크게 발달했다.

또한, 얼마 지나지 않아 바닷속 산소가 부족해졌다.

그리고 지구 바깥으로부터 해로운 광선들이 지표로 쏟아졌다.

생명이 도저히 견딜 수 있는 환경이 아니다.

XI

최대의 대량멸종. 약 2억 5천만 년 전의 일이다.

바다에서 거의 모든 무척추동물이 멸종했다.

고생대의 여러 환경 변화에도 끈질기게 버티던

삼엽충도 이제 지구에서 완전히 사라졌다.

바다의 척추동물도 대부분 사라졌고 육지의 파충류, 양서류,

곤충의 절반 이상이 멸종했다.

식물종 또한 90% 이상 멸종했다.

지구는 어떤 생명에게도 영원한 삶을 허락하지 않았다.

지구의 바다에도 육지에도 생명의 흔적을 찾기란 쉬운 일이 아니었다.

다시 황량해진 지구에서 희망을 바라기는 어려웠다.

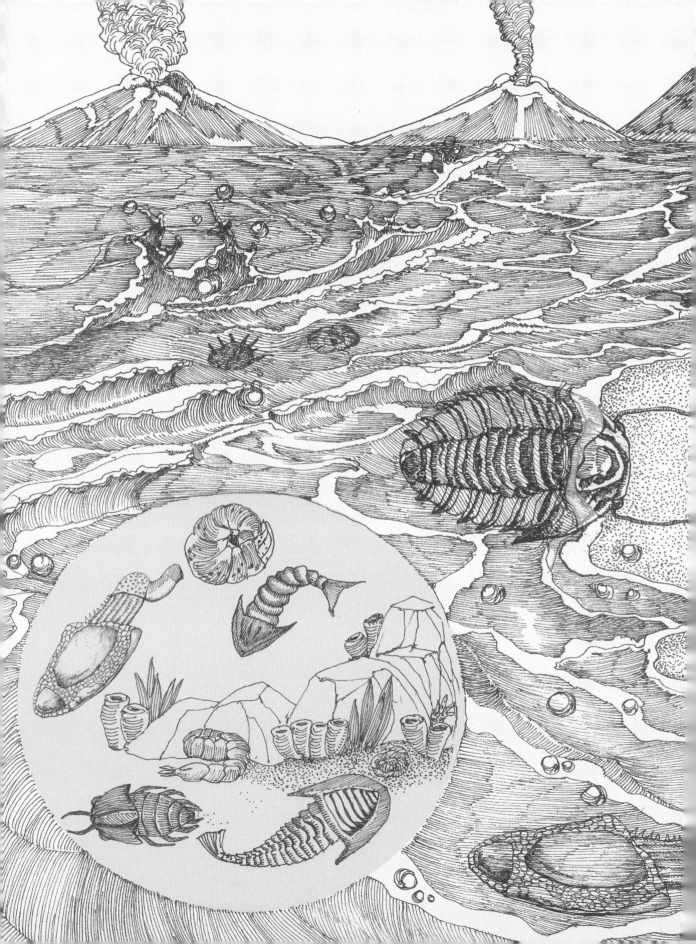

【다양성과 멸종 Diversity and Extinction】

중생대 생물군과 멸종

Mesozoic Biota and Extinction

I

고생대 페름기 말의 대량멸종이 일어난 뒤 바다에도 육지에도 황량함뿐이었다.

이 대량멸종으로 또 하나의 지질시대가 구분된다.

고생대에서 중생대로 넘어가는 것이다.

옛 생명의 고생대에서 중간 생명의 시대가 시작되었다.

그리고 이 시대는 공룡의 등장에서 시작하여 공룡의 멸종으로

끝난다고 해도 과언이 아니다.

II

중생대 들어서 지표 환경의 변화가 두드러진 것은

판게아 초대륙이 서서히 분리되기 시작한 것이다.

대륙이 분리됨에 따라 지표 환경은 변하고

각각의 대륙 위에서 생물은 때로는 독립적으로 때로는 좀 더 복잡하게 진화했다.

III

페름기말의 최악의 대량멸종 이후 지구의 생태계는

천천히 새로운 생명으로 채워졌다.

바다에서는 육방산호(자포동물), 이매패(연체동물),

성게류(극피동물) 등의 동물이 출현했고

대부분의 연골어류가 멸종했지만, 경골어류는 빠르게 다양성을 회복했다.

육지에 살던 파충류의 일부는 바다로 진출하여

이크티오사우루스와 같은 어룡으로 거듭났다.

육상에서는 파충류가 번성하게 되었는데

중생대의 이른 시기부터 공룡이 출현한다.

약 2억 5천만 년 전부터 중생대가 시작되었고

최초의 공룡 화석이 약 2억 4500만 년 전의 지층에서 발견된다.

양서류 또한 파충류를 피해 생존했으며, 가장 오랜 포유류가 등장했다.

포유류는 손바닥 크기 정도로 땃쥐와 비슷했다.

육상에서는 양치식물과 겉씨식물이 다시 번성했다.

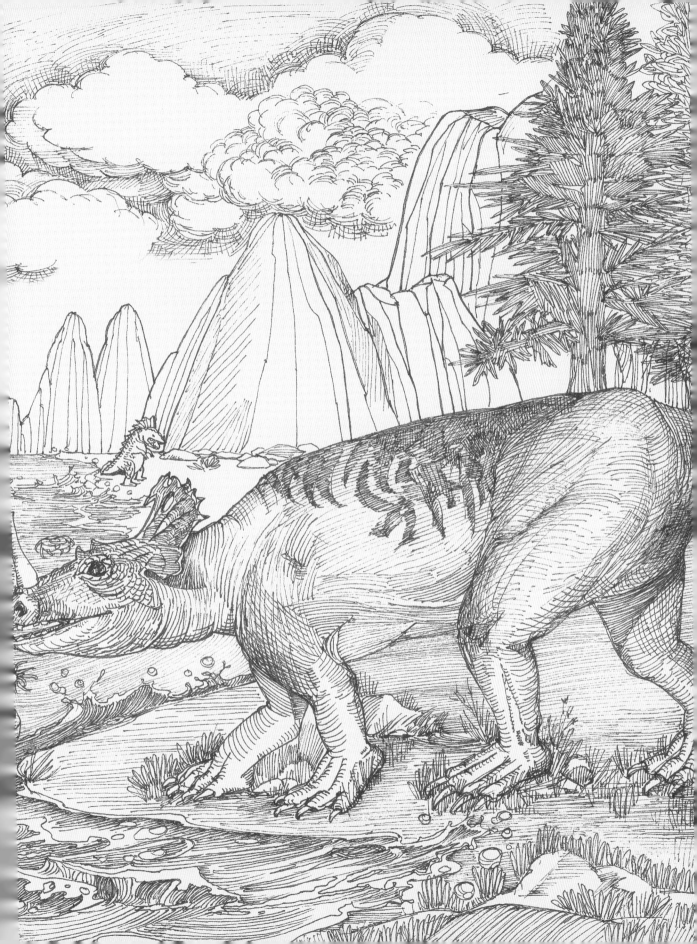

IV

중생대의 첫 지질시대인 트라이아스기 말에

새로 번성했던 생물의 약 절반이 멸종했다.

원인은 잘 모르지만, 판게아 초대륙의 분리와 활발한 화산활동의

결과로 생각되고 있다.

V

약 2억 년 전 쥐라기가 시작되고 트라이아스기 말의 멸종에 살아남은

공룡이 지구의 주인이 되었다.

온난다습한 기후 덕분에 동식물은 모두 다양화되고 대형화되었다.

바다에서는 암모나이트가 번성하고

어룡이 출현하였으며, 큰 몸집의 경골어류가 등장했다.

육상에서는 계속하여 양치식물과 겉씨식물이 번성했다.

하늘에는 시조새가 날아다녔고, 나중에 새의 조상이 된 깃털공룡도 출현했다.

공룡이 지배한 쥐라기이지만 그 틈새에서 포유류가 진화했다.

VI

백악기에 이르러 판게아 초대륙의 분열로 많은 대륙이 생겨났다.

각 대륙에서는 나름의 독특한 생태계가 형성되었다.

백악기의 이른 시기부터 식물은 양치식물과 겉씨식물이 번성했고

점차 속씨식물이 많아졌다.

곤충과 속씨식물의 다양성은 꿀과 꽃가루와 같은 공진화의 결과다.

백악기에는 티라노사우루스와 같은 대형 공룡을 비롯하여

다양한 공룡이 번성했다.

포유류 역시 매우 다양해졌다.

익룡과 새(조류)도 다양해졌고

바다에는 경골어류의 일종인 진골어류가 번성했다.

그리고 백악기의 마지막에 이르러 또다시 대량멸종이 일어났다.

VII

지름 10킬로미터의 소행성이 지구와 충돌했다.

엄청난 충격에 지표는 깨지고 먼지와 파편이 공중으로 솟구쳤다.

충돌지점이 바다였기 때문에 엄청난 양의 물 또한 증발하여 대기를 덮었다.

먼지와 파편 그리고 수증기로 말미암아 지구 대기에는 두꺼운 차단막이 생겼다.

태양 빛은 되돌아가고 어두컴컴한 지표에는

먼지와 수증기가 범벅된 진흙비가 내렸다. 오랫동안.

VIII

태양빛이 차단된 지표는 차갑게 식어갔다.

마치 핵겨울처럼 지표는 한랭화되었고 바다는 산성화되었으며

생명은 위기를 맞이한다. 약 6600만 년 전의 일이다.

IX

공룡은 대부분 사라졌다.

현재 조류(새)로 이어지는 계통을 제외하고는 모두 사라졌다.

육지에서는 대형 파충류가 사라지고

바다에서는 암모나이트, 이매패류, 완족류, 태충류, 유공충 등 많은 종이 멸종했다.

약 1억 8천만 년 동안 지구의 생태계를 지배했던 공룡이

한순간의 충돌로 저 멀리 역사의 뒤안길로 사라져갔다.

굿바이, 티라노.

새로운 생물의 시대와 인간

New Biological Era and Humans

I

백악기 말의 대량멸종으로 공룡이 사라진 지구에는

공룡의 후손으로 유일하게 살아남은 조류(새)가 번성했다.

새로운 생물의 시대를 뜻하는 신생대의 바다에는 상어가 출현했고

바다로 진출한 포유류로부터 고래가 등장했다.

그리고 두족류(연체동물), 유공충, 성게 등이 번성했다.

해안지역을 비롯한 온난한 지역에서는

소형 파충류인 거북, 뱀, 악어, 도마뱀 등이 서식했다.

신생대의 생물들은 기후 변동 속에서도 진화를 계속했고

포유류와 조류는 다양화되면서 진화했으며

인류도 그중 하나다.

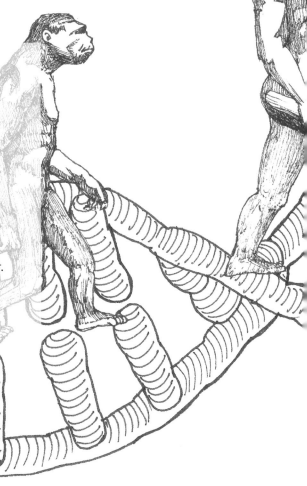

II

약 6600만 년 전 신생대가 시작되면서

지표의 환경은 점차 건조한 기후로 바뀌었다.

습윤 기후에서 생장하던 수목들이 사라지고

건조환경에 강한 벼과 식물 중심의 초목이 번성했다.

삼림이 감소하고 초원이 늘어났다.

신생대 후기가 되면서 기후는 더 한랭하고 건조해졌다.

초원이 확대되고 초식동물이 번성했다.

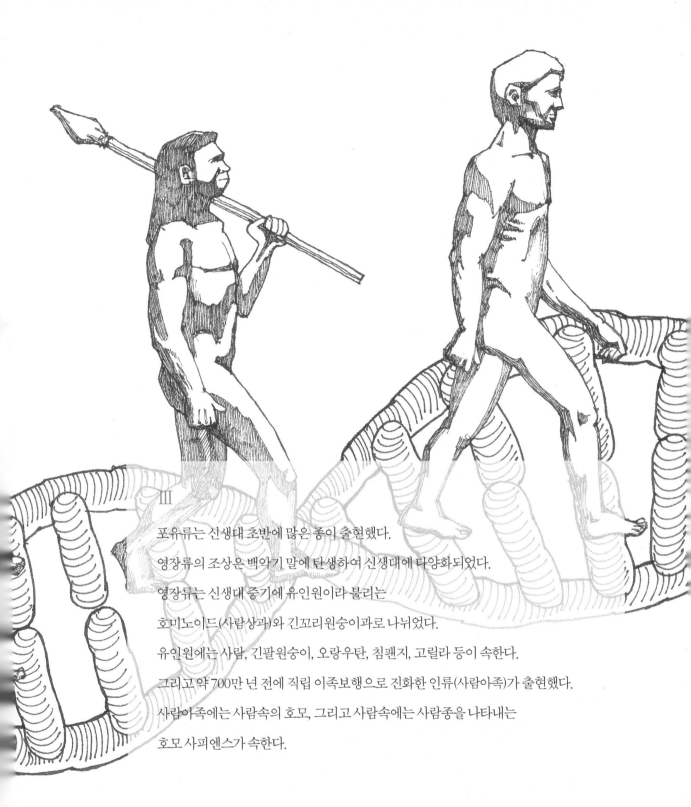

Ⅲ

포유류는 신생대 초반에 많은 종이 출현했다.

영장류의 조상은 백악기 말에 탄생하여 신생대에 다양화되었다.

영장류는 신생대 중기에 유인원이라 불리는

호미노이드(사람상과)와 긴꼬리원숭이과로 나뉘었다.

유인원에는 사람, 긴팔원숭이, 오랑우탄, 침팬지, 고릴라 등이 속한다.

그리고 약 700만 년 전에 직립 이족보행으로 진화한 인류(사람아족)가 출현했다.

사람아족에는 사람속의 호모, 그리고 사람속에는 사람종을 나타내는

호모 사피엔스가 속한다.

147

IV

초기 인류는 뇌가 아주 작고 꼬리 없이 서서 두 발로 걸었다.

그들의 탄생지는 아프리카 중부로 알려져 있다.

초기 인류는 점차 다양화되었고 제4기라는 지질시대가 시작되던 무렵인

약 240만 년 전에 최초의 사람속인 호모 하빌리스가 출현했다.

호모 하빌리스는 돌로 만든 도구를 사용하기 시작했고

이로부터 구석기시대가 열렸다.

V

약 180만 년 전에 나타난 초기 인류는 호모 에렉투스로서

고향인 아프리카를 떠나 동쪽으로는 인도, 인도네시아, 중국으로

서쪽으로는 시리아, 이라크 등지로 확산했다.

그들이 이동한 원인은 확실하지 않으나 한랭화와 같은

기후 변동이 원인일 것으로 생각된다.

VI

약 70만 년~30만 년 전 사이에 동아프리카에 남아있던 호모 에렉투스로부터

호모 네안데르탈렌시스(네안데르탈인)와 호모 사피엔스의 공통조상이 나뉘었다.

그리고 약 30만 년~20만 년 전에 현생 인류인

호모 사피엔스 사피엔스가 출현했다.

호모 사피엔스는 약 7만 년~5만 년 전에 다시 아프리카를 떠나 유럽을 거쳐

아시아로 확산되었다.

여러분의 선조도 그 속에 포함되어 있었을 것이다.

VII

최후의 빙기 끝나고 지표의 환경은 조금 따뜻해졌다.

그리고 1만 년 전 무렵에

인류가 모여 구축한 문명이 탄생했다.

그와 더불어 인류의 생활은 사냥하고 채집하던 방식에서

농사짓고 가축을 기르는 방식으로 바뀌어 갔다.

그리고 점차 모여서 살아가는

집단 거주형태를 이루고 도시들이 나타났다.

물질에 앞서 정신적 문명의 기틀을 마련하였고

18세기에 현재 산업의 기틀을 마련한 산업혁명이 일어났다.

그리고 현재 21세기에는 정보를 기반으로

사회를 이끌고 있는 정보화시대를 맞이했다.

【미래를 향하여 Toward Future】

우리의 미래

Our Future

I

18세기의 산업혁명으로

인류의 발전은 가속되었다.

공업화로 산업구조가 바뀌고,

교통과 경제, 사회체제의 변화로 말미암아

현대의 번영을 누리고 있다.

그러나

인구가 증가하고, 자원이 고갈됨으로써

문명이 지속 가능할지 불투명해졌다.

또한 화석연료의 배출은

지구의 기후를 변동시켜

생태계에 심각한 영향이 나타나기 시작했다.

Ⅱ

지구 46억 년의 역사 속에서

인류가 문명을 구축한 시간은 한순간에 불과하다

하지만 당면한 문제들은 매우 심각하고

해결해야 할 시간은 턱없이 부족하다.

앞으로 어떤 일이 벌어질지,

인류의 수명이 얼마나 계속될지

이런 질문에 과학이 답을 해야 할 시간이 바로 앞에 놓여 있다.

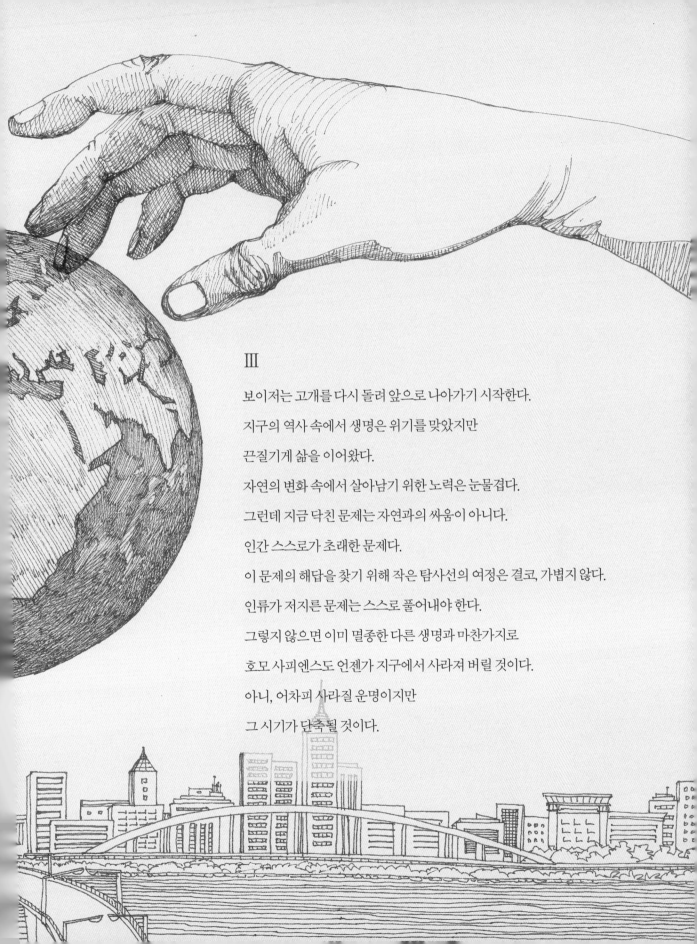

III

보이저는 고개를 다시 돌려 앞으로 나아가기 시작한다.

지구의 역사 속에서 생명은 위기를 맞았지만

끈질기게 삶을 이어왔다.

자연의 변화 속에서 살아남기 위한 노력은 눈물겹다.

그런데 지금 닥친 문제는 자연과의 싸움이 아니다.

인간 스스로가 초래한 문제다.

이 문제의 해답을 찾기 위해 작은 탐사선의 여정은 결코, 가볍지 않다.

인류가 저지른 문제는 스스로 풀어내야 한다.

그렇지 않으면 이미 멸종한 다른 생명과 마찬가지로

호모 사피엔스도 언젠가 지구에서 사라져 버릴 것이다.

아니, 어차피 사라질 운명이지만

그 시기가 단축될 것이다.

IV

생명은 우주에서 시작되었다.

생명을 이루는 물질은 이미 우주가 탄생하던 빅뱅의 시기부터 만들어졌다.

아무리 하찮게 보이는 생명일지라도 생명의 역사를 되돌아보면

하찮은 것은 하나도 없다.

생명은 지구라는 터전에서 우주와 함께 살아왔고,

또한 살아갈 것이기 때문이다.

일러두기

※ 교과연계에 대하여

- 각 챕터 아래 기입한 교과연계는 2022년에 개편된 과학과 교육과정에 연관되거나 참고가 되는 내용을 뽑아놓은 것임

- 각 교과연계의 표기는 학교별(초,중,고등) 관련 교과내용의 성취기준에 해당되는 번호를 나열한 것임. 4과는 초등학교 3~4학년 과학, 6과는 초등학교 5~6학년 과학, 9과는 중학교 1~3학년 과학, 그리고 10통과1 및 10통과2는 고등학교 통합과학 1 및 통합과학 2, 12생 과는 고등학교 생명과학, 12지구는 고등학교 지구과학 교과에 해당함

- 연계된 성취기준의 내용은 교육부의 법령정보에서 확인 가능함(교육부 고시 제2022-33호, 초중등학교 교육과정 총론 및 각론 고시)

교과서 속
과학 이야기

지구의 자연환경

지구에는 여러 생명이 기후와 지형 등의 조건에 따라 다양한 생태계를 만들고 있다. 태양 빛이 풍부하게 내리쬐는 따뜻한 지역에서는 생물종이 다양하게 진화하고, 많은 수의 생물이 서식하고 있는데 열대림과 산호초는 열대 자연의 유명한 예다. 한편, 북극과 남극에 가까운 바다와 육지는 기온이 낮은 혹독한 환경으로 발견되는 생물의 종류도 제한적이어서 다양성은 낮은 편이다. 그러나 이런 환경에서조차 비록 종의 수는 적어도 많은 생명이 서식하고 있다.

다양한 생태계를 이루고 있는 지구의 자연환경을 나누어 살펴보자. 우선 지구 표면의 71%를 차지하고 있는 바다, 즉 해양은 모든 생명의 출발점이기도 하다. 지금의 바다에는 기후, 해류, 육지로부터의 거리, 깊이 등에 따라 다양한 해양생태계가 만들어져 있다. 특히 수심이 얕고 태양 빛이 도달하기 쉬운 연안 지역에는 많은 생물이 살고 있다. 아주 깊은 바닷속 심해저에도 신기한 생물들이 살고 있다. 바다는 지구의 기후를 안정시키는 매우 중요한 역할도 담당하고 있다.

육지의 환경 중에서 높은 산으로 이루어진 산지는 바람이 세고 건조하고 온도가 낮은 환경이다. 보통 키가 작고 괴상을 이루는 식물이 자라고 있다. 산지에 사는 포유류와 조류 중에는 한랭한 기후와 제한된 식생에 적응한 보기 드문 습성을 가진 동물이 많다. 산지가 아니더라도 높은 위도에 분포하는 한랭한 환경이 있다.

툰드라는 주로 북반구의 북쪽에 위치하는 환경으로 일년내내 춥고, 토양에 수분이 많다. 지하에는 얼어붙은 토양의 층(영구동토층)이 있어 나무가 뿌리를 깊게 내리지 못하여 키가 높이 자라지 못한다. 눈으로 덮인 계절이 길기 때문에 짧은 여름 동안에만 초본과 키가 아주 작은 식물이 자라나고, 물새의 중요한 번식 환경이 되기도 한다. 툰드라의 남쪽으로는 나무뿌리가 깊이 뻗을 수 있는 넓은 삼림이 분포하는 아한대림이 이어진다. 캐나

▲ 육지생태계

▲ 해양생태계

다와 러시아 등의 여러 나라에서 주로 침엽수로 이루어진 광대한 숲이 발견된다. 그래도 북반구의 비교적 북쪽에 위치하기에 온도는 낮고 눈이 많은 지역이다.

우리나라가 위치한 중간 위도의 지역에는 계절마다 다채로운 모습을 보여주는 사계의 숲, 즉 온대림이 분포한다. 지역과 기후에 따라서 경관 또한 매우 다양하다. 비가 일정하게 내리는 지역에서는 단풍의 아름다운 낙엽수림이, 비가 많은 지역에서는 늘 푸른(상록) 침엽수와 활엽수림이, 그리고 비교적 한랭한 지역에서는 상록 침엽수림이 퍼져 있다. 온대지역이라 해도 기후가 비교적 건조하여 벼과의 식물이 자라고 있는 온대초원의 환경이 있다. 주로 저지대를 이루지만 남아메리카의

안데스산맥과 같은 고지대에도 분포한다. 주로 가젤과 같은 발굽이 짝수로 갈라진 동물(우제류)를 비롯해 초원의 새(조류)도 많이 서식하고 있다.

적도에 가까워지면 고온다습한 열대림의 지역이 펼쳐진다. 높이가 수십 미터(m)에 이르는 식생이 발달하고, 생존하는 야생동물의 종수는 아주 다양하며, 개체수도 엄청나다. 지역과 높이, 기후에 따라 열대림의 특성이 조금씩 다르지만 생물의 다양성은 어디서나 아주높다. 한편, 열대이면서도 초원을 이루는 아주 특징적인 환경이 있다. 바로 열대에 펼쳐진 야생의 왕국, 사바나다. 높고 낮은 나무들이 여기저기 자라고 있고, 군데군데 사막에 가까운 경관을 보이는 곳도 있다. 일년내

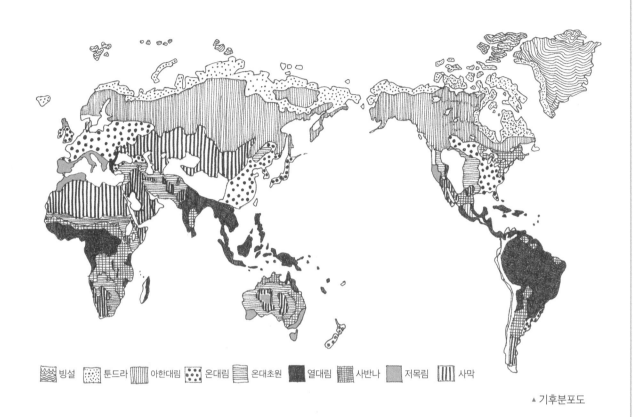

| 빙설 | 툰드라 | 아한대림 | 온대림 | 온대초원 | 열대림 | 사반나 | 저목림 | 사막 |

내 고온이며, 여름 한 시기에만 비가 내리고 나머지는 건조하며, 우기와 건기가 확실히 나뉘어 있는 지역이 많다. 우리에게는 아프리카처럼 코끼리와 사자와 같은 대형동물의 서식지로 잘 알려져 있다. 적도 주변에 아주 건조한 고온의 지역인 사막의 환경이 분포한다. 그런데 예외적으로 고온 지역이 아니어도 아주 건조하기에 사막이 되어버린 곳도 있다. 사막의 대표적인 식물은 선인장과 적은 비로 발아하는 일년생 식물이 있다.

그리고 조금은 특별한 환경으로 세계 각지의 연안부에 발견되는 지중해성 기후의 지역이 있다. 이 환경에서는 여름은 고온으로 건조하고 겨울은 온난하고 비가 많은데, 특히 지중해 연안에 키가 보통 2미터 이하 최대 7미터보다 작은 저목림이 발달하고 있다. 대표적으로 가뭄에 강하고 딱딱한 소형의 잎을 가진 올리브 나무가 그 예다.

이처럼 지구에는 다양한 자연환경이 있고, 각각의 환경에는 그에 적응한 생명들이 살아가고 있다. 지구의 환경은 상당히 긴 시간 동안 변화를 거듭해 왔고, 그 속에서 생명 역시 다양하게 진화했다. 흔히 생물의 다양성을 얘기할 때 살아있는 종의 수와 개체의 수가 강조된다. 하지만 다양성의 가치는 다양한 환경이 지구에 존재하고 있음에 비롯된다. 미래의 지구에서 다양한 생명이 살아남기 위해서는 지구의 자연환경이 제대로 보존되어야 한다.

태양계 행성의 탄생

지금 우리 태양계가 있던 장소는 약 46억 년 전에는 주로 수소와 약간의 헬륨로 이루어진 가스 그리고 아주 적은 양의 고체로 된 티끌이 분포하고 있었다. 그리고 주변보다 가스와 티끌의 양이 많은 부분이 있었고 이를 성간구름, 또는 성운이라 부른다. 그런데 그로부터 멀지 않은 장소에 있던 별 하나가 폭발했다. 초신성 폭발이라 불리는 대폭발이었을 것으로 짐작하고 있다. 그 충격파가 태양계의 근본이 된 성간구름에 도달했고, 가스와 티끌이 충격으로 말미암아 쪼그라들기 시작했다.

태양계의 시작이 되는 성간구름은 태양의 씨앗을 중심으로 회전하면서 격렬하게 쪼그라들었다. 그리고 그 중심부의 온도, 압력, 밀도가 점점 높아지고 드디어 밝게 빛을 내는 가스의 둥근 덩어리가 탄생했다. 원시태양이다. 원시태양 주위에 남겨져 있던 성간구름은 회전하면서 편평한 원반 모양이 되었다. 원반의 크기는 중심으로부터 반경 100AU(약 150억 킬로미터) 정도이고, 질량은 태양질량의 약 1%였다고 생각되고 있다. 가스원반의 대부분은 수소와 헬륨 등의 가스로 되어 있었고, 그 중의 약 1%의 비율로 고체의 티끌이 포함되어 있었다고 추측된다.

회전의 중심부로 쪼그라들면서 수축하던 가스로부터 주로 규산염으로 이루어진 티끌이 만들어지고, 그 고체의 티끌이 원반에 모이기 시작한다. 무수한 티끌은, 회전하는 가스 원반의 원심력과 원시태양의 인력을 받아, 가스 원반의 적도면에 팔랑팔랑 떨어져 내렸다. 티끌이 적도면 위에 모이고, 그 밀도가 증가하면, 티끌끼리의 인력이 태양으로부터의 인력보다 크게 된다. 티끌의 층은 중력적으로 불안정한 상태가 되어, 따로따로 흩어진 덩어리가 되었다. 이렇게 만들어진 직경이 수 킬로미터의 작은 천체는 '미행성'이라 불린다. 미행성의 수는, 태양계 전체에서 100억 개에 달한다고 생각되

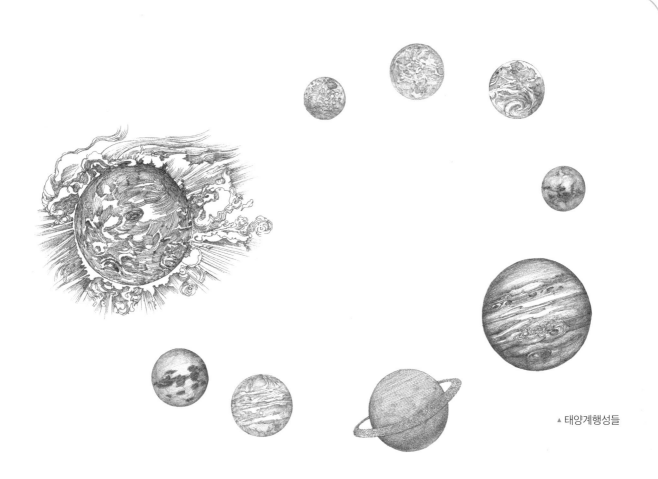

▲ 태양계행성들

고 있다. 미행성은 태양으로부터의 상대적 거리에 따라 그 구성 물질이 달랐다. 태양에 가까운 쪽에는 암석(규산염과 산화물)과 철이 많은 미행성이, 먼 쪽에는 온도가 낮기 때문에 얼음(물과 메테인, 암모니아 등)이 많은 미행성이 만들어졌다.

미행성은, 원시태양의 주위를 거의 같은 평면 위에서 원을 그리며 돌고 있다. 그러나 마침내 서로의 중력(인력)에 의해 궤도를 어지럽히고, 궤도가 교차하게 되면, 미행성은 충돌과 합체를 반복하여 점차 커지게 된다. 큰 미행성은 보다 많이 충돌하고, 더 크게 되어 '원시행성'으로 성장했다고 생각되고 있다. 왜냐하면 커다란

미행성일수록 강한 중력으로 보다 넓은 범위에서 미행성을 잡아당길 수 있고, 충돌할 확률이 급격하게 커지게 되기 때문이다. 이러한 빠른 성장을 '폭주 성장'이라 부른다. 미행성은 원반의 안쪽일수록 밀집되어 있고, 게다가 빠르게 돌고 있기 때문에 충돌하는 빈도가 높아진다. 따라서 원시행성은 태양에 가까운 장소로부터 먼저 만들어졌다. 원시행성은 서로의 중력에 의해 원 궤도가 어지러워지고 충돌하게 된다. 그리고 '거대충돌(자이언트 임팩트)'로 불리는 원시행성끼리의 대규모 충돌이 일어나 수성, 금성, 지구, 화성이라는 암석형 행성의 원형이 탄생했다.

▲ 원시태양과 성간구름

한편, 목성의 궤도보다 바깥쪽에서는 재료가 되는 얼음의 미행성이 많이 있었기 때문에, 지구의 5~10배의 질량을 가진 천체가 탄생했다. 이 정도 크기의 천체는 주위의 원시행성계 원반으로부터 많은 가스를 빨아들이게 되고 결국에는 가스 행성인 목성과 토성이 탄생했다. 그런데 행성의 성장은 바깥쪽의 궤도일수록 시간이 걸리고 원반의 가스는 점점 줄어든다. 목성보다 바깥쪽에 있는 토성이 목성 질량의 1/3 정도밖에 되지 않는 것은, 토성이 성장하면서 목성만큼 충분히 많은 가스를 빨아들일 시간이 없었기 때문으로 생각된다. 게다가 바깥쪽의 천왕성과 해왕성에서는 성장이 더 늦어졌기 때문에, 가스 원반으로부터 소량의 가스만 빨아들일 수밖에 없었을 것이다.

이렇게 만들어진 태양계의 행성들은 태양에 가까운 곳에 암석의 행성이, 먼 쪽에 가스의 행성이 위치하고 있다. 암석의 행성은 흔히 지구형 행성, 가스의 행성은 목성형 행성으로 불리고 그 경계가 되는 화성과 목성 사이에는 행성으로 자라지 못하고 작은 크기의 천체로 이루어진 소행성대가 분포하고 있다. 지구로 낙하하는 대부분의 운석은 바로 이 소행성대에서 오는 것이다.

열수분출공과 생명의 탄생

1977년에 갈라파고스제도 북동 320킬로미터 부근의 깊이 2,600미터를 넘는 심해저에서 열수분출공이 처음으로 발견되었다. 깊은 맨틀에서 상승해 올라온 마그마가 해저에 분출하여 새로운 해양저가 탄생하는 장소 부근에서다. 해저로부터 스며든 바닷물이 지하의 뜨거운 마그마에 의해 데워져 350°C에 이르는 고온의 물이 되고 주변 암석으로부터 많은 금속이온을 용해시키면서 해저로 다시 뿜어져 나오는 장소다. 이렇게 지하에서 뜨거워진 물을 열수라고 부르고 있다. 열수가 뿜어져 나오면 주위의 차가운 물과 만나 식으면서 녹아있던 금속이온이 석출되기 때문에 검은 연기처럼 보이는데, 이를 가리켜 블랙스모커라고 한다. 또한, 석출된 금속이온과 광물질이 수 미터 정도 높이의 굴뚝을 만드는데, 이를 침니라고 부른다.

열수분출공 주변에는 지하에서 뿜어져 나오는 열수에 포함된 수소(H_2), 황화수소(H_2S) 및 메테인(CH_4)을 먹이로 하는 많은 유황세균, 즉 박테리아가 서식하고 있다. 또한, 이런 박테리아와 공생하고 있는 튜브웜을 비롯해 그것을 먹이로 하는 새우와 게처럼 생긴 생물과 심해 어류같은 다세포동물이 살고 있음이 발견되었다. 열수분출공이 만들어진 깊은 바닷속, 즉 심해저에 사는 박테리아는 광합성도 하지 않고 산소를 이용하지도 않는 고세균의 일종으로서 번성하고 있다.

생명의 기본이 되는 유기화합물을 합성하기 위해서는 환원적인 환경과 에너지가 필요하다. 심해저의 열수로부터 열에너지가 공급되고, 열수 속에 포함된 수소, 황화수소, 메테인 및 암모니아(NH_3) 등은 환원성 물질이다. 유기화합물을 만드는 조건은 구비되어 있는 것이다. 또 하나의 특징으로서 열수는 고농도의 금속이온을 포함하고 있다. 이 금속이온은 유기화합물을 합성할 때의 촉매로서 작용할 가능성이 높다. 열수분출공은 그 구조로 볼 때 고온상태에서 반응이 일어나고, 반응물

이 만들어진 직후 주위의 저온의 물과 접촉하기 때문에 만들어진 유기물은 분해되기 어렵게 된다. 현재의 열수분출공 주변에는 생물이 모여있고 생물이 유기물을 합성하고 있지만, 이러한 환경에서는 생물이 아니더라도 유기물 합성이 가능하다는 점이 중요하다.

한편, 심해저 열수분출공이 생명 탄생의 장소라는 증거는 가장 오랜 생물 화석 중의 하나인 박테리아 모양의 화석이 심해저에서 만들어진 처트라는 퇴적암에서 발견된 것이다. 해저에 분출한 마그마, 즉 베개용암의 바로 상부 퇴적된 이 처트는 열수분출이 활발하게 일어난 장소에서 만들어진 것으로, 그 속에 포함된 박테리아 형태의 화석이 열수분출공 주변에서 탄생한 생명일 가능성이 지적되고 있다.

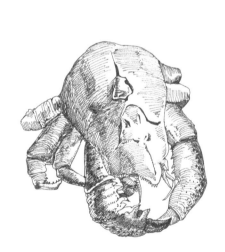

▲ 원시게와 새우를 닮은 심해어

열수

침니

튜브웜

퇴적물

171

지구의 역사와 메테인의 관계

메테인의 형성

약 29억 년 전 특이한 미생물이 젊은 지구의 하늘을 산소로 가득 채우고 생물계에 혁명을 일으키는 계기를 만들었다. 시아노박테리아라고 하는 증식력이 강한 미생물이 등장하지 않았다면 지금 세상에 있는 대부분의 생명체, 즉 산소가 필요한 생물은 결코 진화하지 못했을 것이다. 그런데 시아노박테리아가 출현하여 광합성을 시작하기 전까지는 또 다른 단세포 생물이 원시 지구를 생물이 살 수 있는 환경으로 만들었으리라 생각된다. 지구 초기 20억 년의 역사에서는 절대 혐기성(산소 존재 하에서 살 수 없는) 메테인균이 최고 권력자의 자리에 있었다. 메테인균이 생성한 메테인 가스가 온실효과를 일으켜 원시 지구의 기후와 환경에 막대한 영향을 미쳤다고 생각된다.

최근에야 비로소 지구의 역사와 메테인의 관계, 특히 메테인의 극적인 역할이 밝혀졌다. 현재 대기 중에서는

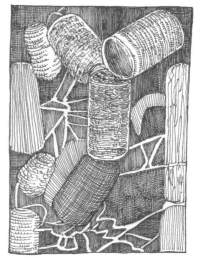

▲ 메테인균

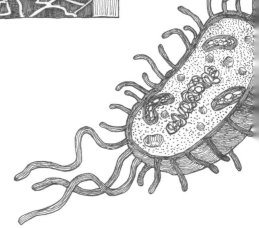

방출된 메테인 가스가 10년 정도 만에 사라지지만, 원시 무산소 세계에서는 만년이라는 긴 세월 동안 존속할 수 있었다. 비록 화석은 남아있지 않지만, 메테인균이 지구 생물 진화의 첫 번째 생명체가 아니었을까 추측하는 생물학자들도 많다.

당시 태양은 지금보다 훨씬 어두웠다. 메테인균이 생성하는 메테인이 없었다면 지구 전체가 얼어붙었을 것이다. 메테인에 의한 온실효과는 지구를 따뜻하게 유지하는 데 필수적이었다고 생각된다. 하지만 메테인균은 영원한 지배자가 아니었다. 메테인균이 서서히 줄어들면서 지구에 첫 번째 빙하기가 찾아왔다고 생각된다. 이후 반복적으로 찾아온 빙하기 또한 메테인의 감소효과로도 설명할 수 있다.

세균의 탄생과 이동

최초에 탄생한 세균(진정세균)은 호열성 생물이라고 생각되며, 세균 가운데 가장 원시적인 성질을 갖고 있다. 아직 바다가 뜨거워 90℃~100℃ 부근이었던 때 탄생했으리라 생각된다. 그리고 탄생 당시의 세균에도 종속영양세균과 독립영양세균이 존재했었다고 생각된다.

열수분출공 주변의 세균들은 세포막의 지질조성을 변화시키면서 환경에 적응했다. 다시 말해, 저온에서 생존가능한 인지질의 세포막을 가진 세균은 점차 주변의 저온 영역으로 나가 유기물을 이용하게 되었다. 특히 독립영양세균은 보다 광범위하게 재료를 구해 생존 영역을 확대할 수 있었을 것이다. 필요 영양분을 얻을 수 있는 한 아무도 없고 아무와도 경쟁하지 않는 신세계를 향해 세균은 퍼져나갈 수 있었다.

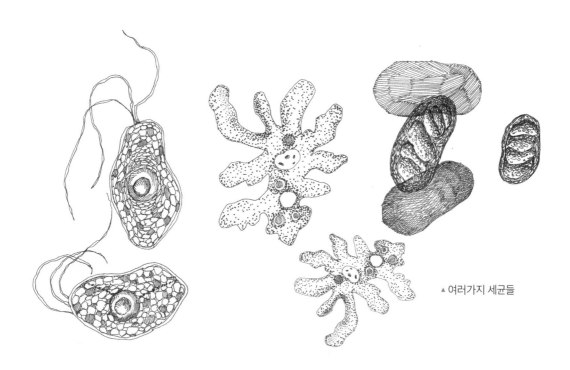

▲ 여러가지 세균들

하지만 문제는 바다 표면에 올라온 세균에게 지구 바깥에서 강하게 내리쬐는 우주방사선은 치명적이었다. 다행히 지구의 냉각이 진행되고 약 27억 년 전이 되면 강한 지자기가 발생하여 지구로 들어오는 강한 우주방사선을 막아주기 시작했다. 양쪽 극지방의 상공에서 오로라를 발생시키게 된 것도 이 시대로부터다. 결과적으로 세균이 바다의 표면에 나와도 강한 우주방사선을 피할 수 있는 환경이 마련되었다.

광합성세균의 탄생

독립영양세균은 우주방사선으로 죽을 염려가 없어져 얕은 바다와 표층으로 진출했다. 그중에서 태양광을 에너지로 사용할 수 있는 광합성세균이 탄생했다고 생각된다. 처음에는 유황 박테리아가 화학합성세균처럼 전자공여체로서 황화수소(H_2S)를 사용하고 태양에너지에 의해 효율적으로 전자(전자와 양성자)를 빼내어 광합성을 했다. 클로로필(엽록소)과 같은 색소를 이용하여 황화수소로부터 전자를 효과적으로 빼내는 것은 별로 대수롭지 않아 보이지만, 이로부터 광합성세균이 탄생하였고 획기적으로 유기물을 만들면서 번성하기 시작했다. 태양광이 도달하는 해수면 가까운 곳이 생명의 세계로 확장된 것이다.

시아노박테리아의 탄생과 산소의 발생

유황 박테리아와 같은 광합성세균이 탄생한 후, 태양에너지를 사용하여 황화수소가 아니라 물을 환원제로 사용하여 광합성을 하는 시아노박테리아가 세균 가운데서 탄생했다. 약 29억 년 전의 일이다. 이로부터 한층

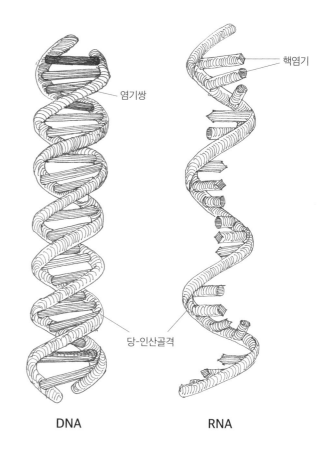

염기쌍

핵염기

당-인산골격

DNA

RNA

능률적으로 유기물을 합성할 수 있게 되었고, 시아노박테리아는 지구 전체에 퍼져 크게 번성했다. 태양에너지라는 무진장 에너지를 사용하여, 당시 지구 표면 대부분을 덮고 있던 바닷물이라는 엄청난 양의 재료를 환원제로 사용하여 이산화탄소를 환원시켜 유기화합물을 만드는 획기적인 장치가 고안된 것이다.

물을 환원제로 사용하여 광합성을 하면 산소가 부산물로써 방출된다. 시아노박테리아에 의한 광합성으로 바닷속에 방출된 산소는 먼저 바닷물 속의 금속이온을 산화시켜 침전시킨다. 철이온은 산화철로서 침전했다. 세계적인 철광석 산지로서의 호상철광상은 이렇게 다

▲ 호상철광상

량으로 침전된 산화철이다. 두께 200미터에 이르는 철광상이 있다는 것은 상상하기 어려울 정도다.

철 이외의 금속이온도 같은 식으로 산화되어 침전되었다. 그러나 19억 년보다 새로운 호상철광상은 조금밖에 발견되지 않는다. 20억 년 전 무렵까지 바닷속에 있던 철이온은 거의 전부 침전해버렸다고 생각된다. 철뿐만 아니라, 다른 금속이온도 마찬가지다. 일단 초기의 산소가 바닷속의 금속을 모두 산화시키고 난 뒤 바닷물 속의 산소 농도는 점차 높아졌다. 한편, 바닷속의 산소는 대기 중으로 방출되면서 공기 중의 산소 농도도 높아졌다.

바닷물 속에 산소가 포화되면 대기속으로 들어간다. 대기 중에 산소가 늘어난 것은 당시에 형성된 붉은색의 사암에서 확인된다. 암석 속에 포함되어 있던 철이 대기 중의 산소와 반응하여 모두 산화된 결과이다. 적색 사암은 22억 년 전 무렵의 지층에서 대규모로 발견된다. 지표의 암석이 전부 산화되어 버리면 공기 중 산소 농도는 급속히 증가하게 된다. 그리고 대기 중 산소 농도의 상승으로 말미암아 산소가 필요한 동물과 식물이 육상으로 진출하는 조건이 마련된다. 훨씬 나중의 일이긴 하지만 대기 상공에 오존층이 형성되게 된다. 약 4~5억 년 전 무렵에는 대기 중에 늘어난 산소가 성층권에서 오존층을 형성하여 태양의 자외선을 차폐하게 됨으로써 생물의 육상진출이 가능하게 되었다. 시아노박테리아는 이렇게 다양한 변화를 지구에 가져다 주었다.

눈덩이 지구(Snowball)의 시대

우리가 흔히 빙하기라 부르는 것은 극지에서부터 기껏해야 중위도 지방까지 얼음으로 덮이는 정도의 한랭기를 말한다. 하지만 약 24~23억 년 전(휴로니언 빙하시대) 부근과 약 7억 2천만 년 전(스터시언 빙하시대)에서 약 6억 5천만 년 전(마리노안 빙하시대) 부근에는 지구가 완전히 꽁꽁 얼어붙었던 지구동결(눈덩이 지구)의 시대가 있었다. 더 이전의 약 29억 년 전에도 있었을 가능성(퐁골라 빙하시대)이 있다. 눈덩이 지구 때 지표의 평균기온은 -40℃(현재의 지구는 평균 15℃ 정도)에 이르렀고, 지구 전체가 1,000미터를 넘는 두꺼운 얼음에 덮였을 것으로 생각한다. 그리고 원생누대 후기의 스터시언과 마리노안의 지구동결은 4~5회 반복되었다고 생각된다.

눈덩이 지구의 시대를 만든 지구동결의 메커니즘이 완전히 밝힌 것은 아니다. 대표적인 설명으로서는 대기 중의 이산화탄소와 메테인의 농도가 낮아짐으로써 온실효과가 약해지고, 그 결과 지표 온도가 저하되었다는 것이다. 한편, 지구 바깥에서 들어오는 우주방사선 입자들이 지구 대기에서 상당한 두께의 구름을 만들기 때문이라는 설명도 있다. 어떤 이유에서건 극지역에 빙하 얼음의 양이 증가하여 일정 한도를 넘으면, 태양으로부터의 빛을 반사하는 양이 늘어나기 때문에 지구를 데우는 효과가 급격하게 감소하고, 냉각화가 급속하게 진행되어 지구동결로 이어진다고 생각된다.

눈덩이 지구의 절정기에도 바닷물이 전부 얼었던 것은 아니고, 얼음 아래에는 녹은 물이 있었고, 지역적으로 보면 화산활동 지역 부근에서는 얼음이 녹았을 가능성도 있다. 이 시대에는 애써 탄생했던 다세포생물이 멸종 위기에 처했다고 생각된다. 이런 환경을 어찌어찌 살아남은 생물군이 다음의 온난한 기후 도래와 함께 크게 번성하게 되었을 것이다.

지구동결이 이어지던 동안은 대기 중의 이산화탄소

가 얼음으로 덮인 바다로 흡수되지 않는다. 또한 바닷속 시아노박테리아의 광합성도 중지되어 이산화탄소 소비가 급격히 줄어든다. 결국 지구동결은 대기 중의 이산화탄소의 농도를 증가시킨다. 한편, 커다란 지각변동에 의해 대규모 화산활동이 계속되면서 땅속의 이산화탄소가 대기 중으로 뿜어져 올라가 농축된다. 화산으로부터 분출된 이산화탄소의 공기 중 농도는 현재의 400배에 이르고, 온실효과로 인해 대기는 -40℃에서 일시적으로는 +60℃까지 상승하여 얼음이 녹고, 해수면은 상승한다. 이런 과정에서 얼어있던 메테인 하이드레이트의 기화 또한 극적인 온난화에 기여했을 것으로 생각된다.

지구동결이 끝나면서 이산화탄소는 다시 바닷물 속에 흡수되어 탄산칼슘으로 침전하였고 지표의 기온은 원래로 되돌아갔다. 얼음이 녹음으로써 육지의 침식이 진행되어 많은 영양염이 바다로 흘러가고, 동시에 해수면이 상승함으로써 얕은 바다가 많이 생기며 생물을 한꺼번에 번성시켰다.

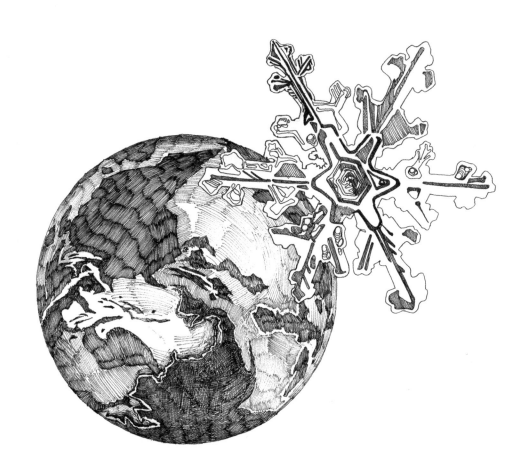

대륙의 성장과 진화

현재의 지구 표면의 약 70%는 바다이고, 30%가 육지다. 현재까지 알려진 가장 오랜 암석은 약 40억 년 전의 것으로 그 이전에는 육지가 없었든지, 있어도 지구 내부로 들어가 버렸다고 생각된다. 그리고 약 40억 년 전에 새로운 육지가 탄생했으나 그 면적은 현재 대륙 분포에 비해 1/10 정도에 불과했다.

약 40억 년 전 무렵 작은 육지가 만들어진 이래 대륙은 성장했는데 서서히 커진 것이 아니라, 몇 단계에 걸쳐 급격한 성장이 있었다. 즉 대륙의 크기 변화는 점진적인 것이 아니라 콜드플룸이나 수퍼콜드플룸의 잡아당기는 힘에 의해 소대륙들의 충돌과 결합의 정도에 따라 달라진다. 처음에는 소대륙들이 서로 결합하면서 모이게 되고 초안정육괴를 이루었고, 드디어 존재하던 대륙의 대부분 또는 거의 전부(75% 이상)가 한 장소에 모여 거대한 대륙이 만들어졌는데, 이를 초대륙(supercontinent)이라 부른다.

초대륙들은 지구 역사에서 여러 차례 모였다 흩어지기를 반복했다. 현재 확실하게 초대륙으로 인정할 수 있는 것은 네 개 정도이다. 원생누대의 약 17~16억 년 전의 누나 또는 컬럼비아 초대륙, 약 10억 년 전~9억 년 전의 로디니아 초대륙, 그리고 약 6억 년 전의 곤드와나 초대륙 그리고 현생누대로 들어와 약 3억 년 전의 판게아 초대륙이다. 지구 내부의 거대한 플룸의 움직임에 따라 대륙은 모이기도 하고 떨어지기도 했다. 아래로 잡아당기는 수퍼콜드플룸이 강해지면 대륙이 모여 커졌고, 위로 밀어내는 수퍼핫플룸이 강해지면 대륙은 분열하기 시작했다.

로디니아 초대륙은 약 7억 5,000만 년 전에 분열하기 시작했고, 이 시기에 지구 전체가 동결한 두 차례의 눈덩이 지구를 만들었던 스터시언과 마리노안 빙하시대가 있었다. 로디니아 초대륙의 분열이 한창 진행되던 때, 즉 뜨거운 플룸의 상승으로 화산이 폭발하고 대기

대륙의 이동

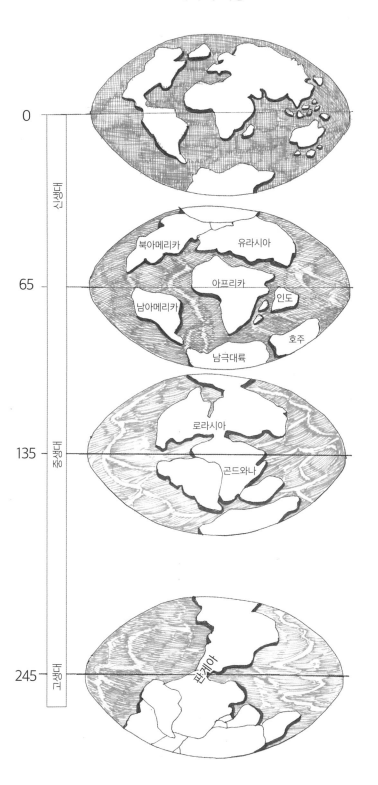

신생대

0

65

중생대

북아메리카   유라시아

아프리카

남아메리카   인도

호주

남극대륙

135

로라시아

곤드와나

고생대

245

판게아

의 온도가 상승하게 되자 빙하시대는 막을 내렸다. 그리고 최초의 다세포동물의 화석이 발견된 에디아카라 생물군의 시대가 약 6억 3,000만 년 전 무렵에서 시작하여 이윽고 캄브리아기의 생물 대폭발로 이어졌다.

캄브리아기는 분열된 대륙이 떨어져 가는 도중의 시대다. 고생대 중기의 4억 년 전 무렵부터는 떨어져 가던 대륙이 지구의 반대쪽에서 다시 집합하기 시작하여 고생대 끄트머리의 페름기 초기에 판게아 초대륙이 형성되었다. 대규모 대륙의 이동과 충돌은 그 위에 살고 있던 육상생물에 영향을 주었을 뿐만 아니라, 해양생물의 번성과 멸종에도 커다란 영향을 주어 고생대의 여러 지질시대에 걸쳐 생물종의 변화를 초래했다.

사실 대륙의 변화는 아주 다이나믹한 것이다. 약 2억 5천만 년 전 무렵의 고생대와 중생대의 경계에서 판게아 초대륙이 분열을 시작했고, 이 시기에 페름기 대멸종이라고 하는 생물 역사상 최대의 멸종이 일어났다. 트라이아스기에서 쥐라기에는 판게아 초대륙을 이루던 북쪽의 로라시아대륙과 남쪽의 곤드와나대륙이 나뉘었다. 양쪽 사이에 생겨난 것이 테티스해로, 현재의 지중해와 흑해에서 동남아시아 방면까지 이어진 얕은 바다이고, 많은 생물이 번성한 해양생물의 낙원이었다. 그 뒤, 곤드와나대륙은 현재의 아프리카와 남아메리카를 포함하는 서 곤드와나대륙과 남극대륙, 인도, 호주를 포함하는 동 곤드와나대륙으로 나뉘었다.

백악기에 들어서 다시 서 곤드와나대륙은 아프리카와 남아메리카로 분리되고, 로라시아대륙도 북아메리카와 유라시아대륙으로 나뉘어 대서양이 만들어졌다. 동 곤드와나대륙은 인도 및 마다가스카르와, 남극 및

호주의 두 부분으로 나뉘었다. 백악기 후기에는 인도는 더욱 북상했다. 백악기에는 남아메리카, 남극대륙, 호주가 연결되어 있었고 막 태어난 유대류가 아메리카에서 호주까지 건너갔지만, 진수류가 탄생했을 때는 이 세 개의 대륙이 떨어져 있었기 때문에 진수류는 호주로 건너갈 수 없었다.

신생대에 들어서면, 남극대륙과 호주가 분리되고 호주는 북상하기 시작했다. 인도는 유라시아대륙과 충돌하여 히말라야산맥이 만들어졌다. 히말라야산맥에서 발견되는 해양생물의 화석은 테티스해의 생물이다. 이처럼 오랜 기간에 걸쳐 성장하고 진화한 모든 대륙의 모습이 현재 지표에서 확인되는 육지의 분포인 것이다.

생물 탄생의 다양성

에디아카라기의 생물군

원생누대 말의 6억 3,5000만 년 전~5억 4,100만 년 전의 기간을 에디아카라기로 부른다. 눈덩이 지구를 만들었던 마리노안 빙하시대가 6억 3,000만 년 전에 끝나고, 약간 작은 가스키어스 빙하시대가 약 5억 8,000만 년 전 부근에 찾아온다. 마리노안 빙하시대의 종료로부터 가스키어스 빙하시대까지 온난한 기간이 지속되었는데, 이 시기에 생물이 번성했다고 생각된다. 눈덩이 지구 이후는 해수면이 급격히 상승하여 육지 주변에 얕은 바다가 아주 많아짐으로써 바다 생물이 급속도로 번성할 수 있었던 것이다.

1930년대 초반 아프리카의 나미비아에서 그때까지 알려지지 않았던 대형 생물 화석이 발견되었고, 1940년대 후반에 호주 남부의 에디아카라 구릉에서 그것과 유사한 화석이 많이 발견되었다. 크기는 수십cm에서 1~2m 정도였고 발견된 장소의 이름을 따서 에디아카라 생물군이라 부른다. 에디아카라 생물 화석의 대부분은 아주 편평하다. 현재의 동물에는 보이지 않는 형태가 많고 현재의 동물과의 계통 관계도 잘 모르지만, 일부는 해면동물, 자포동물, 좌우대칭동물 등으로 생각된다.

에디아카라 생물 화석은 아프리카와 호주 이외에도 북아메리카, 러시아, 중국 등에서 발견되는데, 주로 바다에서 퇴적된 지층에서 산출되기 때문에 당시의 생물들이 주로 얕은 바다에서 살았던 것으로 판단된다. 에디아카라 생물군은 몸집이 큰 다세포동물로 보이며, 동물의 조상에 해당할 가능성이 있다. 일부 생물은 다음에 이어지는 캄브리아기의 폭발적인 다양화를 거쳐 현생 동물로 연결되었을지도 모른다.

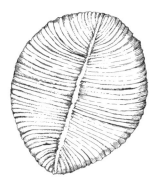

▲ 디킨소니아(에디아카라기)

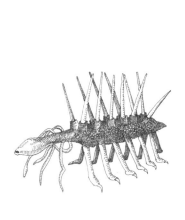

▲ 할루키게니아(캄브리아기)와 카르니오디스쿠스(에디아카라기)

▲ 원시 해파리(에디아카라기)와 삼엽충(캄브리아기)

동물의 출현과 초기 동물

단세포에서 다세포로 진화하는 과정에서 단세포 원생생물이 탄생했다. 그리고 원생생물들은 자연선택을 거쳐 식물, 균류, 동물이라는 세 그룹의 다세포 유기체로 도약할 수 있었다. 동물의 원생생물 조상은 이미 멸종해 버렸지만, 현존하는 원생동물인 깃편모충류가 동물과 공통 조상을 공유한다고 생각된다. 그리고 깃편모충류와 같은 원생동물로부터 최초의 동물인 해면동물이 탄생했다고 생각한다.

동물계의 정식명칭은 후생동물인데, '동물에 관하여'라는 뜻이다. 후생동물의 최초로서 해면동물이 나타난 것은 화석으로 보면 약 6억 5,000만 년 전이고, 유전학적으로는 약 8억 년 전 무렵으로 좀 더 오래다. 해면류가 살았던 환경과 해면 자체의 부드러운 조직으로 말미암아 화석으로 남기 어려웠을 것으로 생각된다.

해면류와 같이 거의 조직을 갖지 않는 동물을 측생동물이라 하고, 반면에 조직을 갖고 있어 기관과 체계를 형성할 수 있는 모든 동물을 진정 후생동물, 즉 진짜 동물이라 한다. 진정 후생동물 중 가장 먼저 나타난 것은 유즐동물(빗해파리)과 자포동물(해파리, 말미잘 등)이다. 동물의 경우 신체의 설계 형태인 소위 체제에 따라 구분하기도 한다. 가령 해면류와 같은 측생동물은 몸이 비정형적인 형태로서 비대칭형 체제로 구분한다. 반면, 유즐동물과 자포동물은 정형화된 형태를 가지며, 반으로 자르면 양쪽이 같은 모양을 나타내기 때문에 방사형 체제로 구분한다.

한편, 어떤 동물들은 위-아래도 구분되고 정면과 후면도 명확히 구분되며, 긴 축방향으로 반을 자르면 왼편과 오른편이 서로 상보적인 형태를 나타내기에 좌우대칭형 체제라고 한다. 좌우대칭 체제는 벌레를 비롯한 무척추동물과 어류를 비롯한 척추동물에서 나타난다.

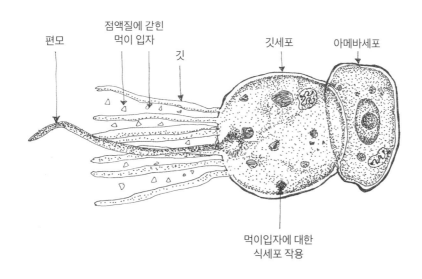

편모　점액질에 갇힌 먹이 입자　깃　깃세포　아메바세포

먹이입자에 대한 식세포 작용

척추동물의 조상과 계통

사람이 속하는 척추동물의 조상의 계통에 대해 살펴보자. 다세포동물의 계통은, 2배엽성의 해면동물(해면류)과 자포동물(해파리, 산호 등)로부터, 3배엽성으로 좌우대칭 형태를 가진 동물군이 탄생했고, 이로부터 다시 후구동물과 선구동물로 분기되었다. 약 8억 년 전~7억 년 전의 일로 추정된다. 그리고 후구동물로부터 한편으로는 극피동물과 반삭동물을 포함하는 보대동물로, 다른 한편으로는 두삭동물, 미삭동물, 척추동물로 이루어진 척삭동물로 분기되었다. 척삭동물문 두삭동물에 속하는 창고기류의 조상은 캄브리아기에 출현한 피카이아로 생각되고, 이 시기에 미삭동물의 멍게류 화석도 발견되었다.

캄브리아기의 바다에서 척추동물이 출현했고, 어류가 가장 빠른 형태의 척추동물로 생각해왔다. 그런데 중국 남부 윈난성 쿤밍에서 발견된 약 5억 2,500만 년 전~약 5억2,000만 년 전의 청지앙 동물군에서 무척추 척삭동물과 어류의 중간 형태를 띠는 화석이 발견되었다. 하이커우엘라로 불리는 화석으로 몸의 등쪽으로 길게 연결된 막대 모양의 원시 골격인 척삭이 원시적인 등뼈, 즉 척추로 바뀌어 가던 중간 단계의 구조를 가지고 있다. 그리고 어류는 이 화석의 동물이 진화된 형태라고 생각되고 있다.

▲하이커우엘라(캄브리아기)

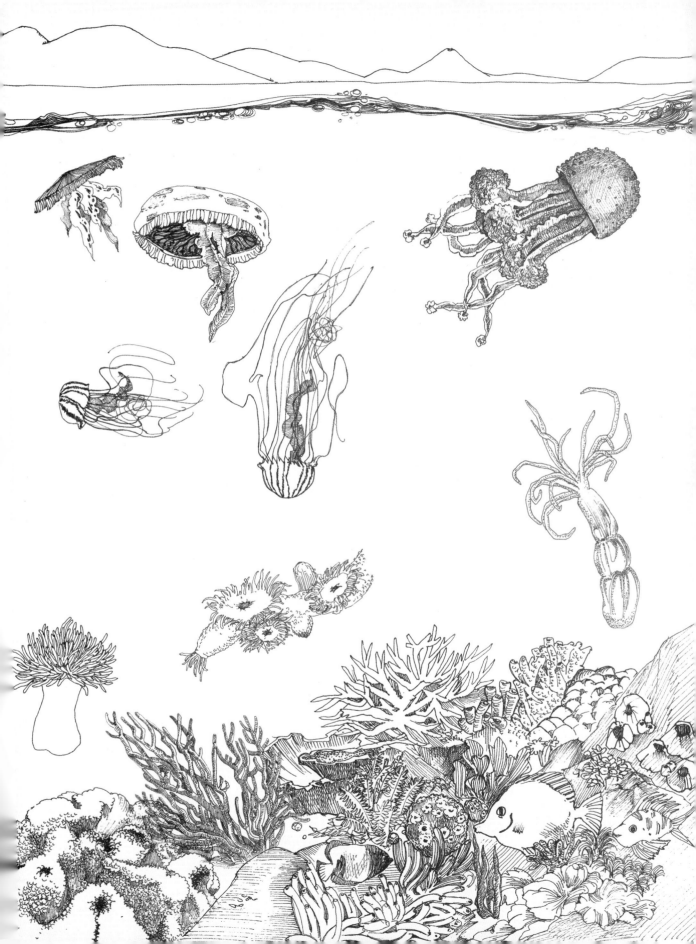

하이커우엘라로부터 유추하건대 약 5억 2,000만 년
전 무렵 어류가 처음 등장했을 것이다. 그리고 초기의
어류는 골격이 연골로 이루어진 연골어류였다. 초기의
연골어류는 턱이 없어 항상 입을 벌린 채 바닷물 속이
나 바닥에 침전되어 있던 유기물을 빨아들이며 섭식했
고 아가미를 통해 호흡했으리라 생각된다. 이런 턱이
없는 연골어류를 무악어류라고 하며 칠성장어와 먹장
어가 대표적이고 오르도비스기의 바다에서 번성했을
것으로 생각된다.

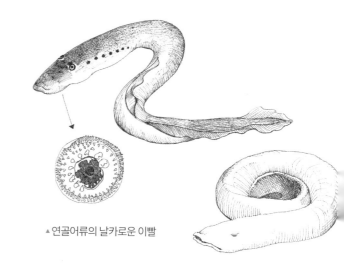

▲ 연골어류의 날카로운 이빨

턱을 가진 최초의 척추동물은 판피류로 생각된다. 무
악어류에서 턱을 가진 유악어류로 변화되어가는 경과
를 잘 알 수 있는 화석이 발견되었다. 아가미 부분에 있
는 아가미활이라는 작은 뼈가 턱을 만들었다고 생각된
다. 판피류는 고생대 오르도비스기에는 탄생했고, 실
루리아기에 번성했다. 어류의 시대로 불리는 데본기에
이르러 판피류는 종류도 풍부하게 되고, 형태도 커지
게 되어 하나의 그룹으로 취급될 수 없을 정도로 크게
번성했다.

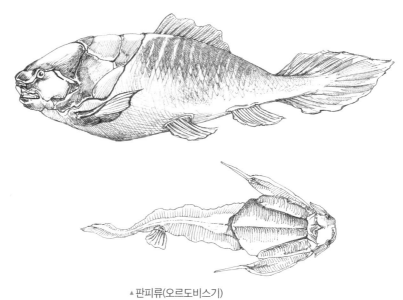

▲ 판피류(오르도비스기)

플룸구조론

플룸의 상승과 하강: 플룸구조론

　20세기 후반까지 판을 이동시키는 원동력은 상부맨틀의 대류라고 생각했었다. 그러나 1990년대에 들어서 지구 내부의 온도분포를 조사하는 지진파 토모그래피라고 하는 방법 덕분에, 맨틀의 운동이 상부맨틀과 하부맨틀에서 분리되어 대류하는 것만이 아니라는 사실이 밝혀졌다. 지표 부근에서 냉각된 리소스피어, 즉 판

이 섭입대로부터 맨틀과 핵의 경계부까지 침강하고, 그 경계부 부근에서 데워진 맨틀이 다시 상승하여 솟아오른다. 이러한 맨틀 전체에 걸친 대류가 판 이동의 원동력임이 밝혀지게 된 것이다. 섭입대에서 맨틀-핵 경계부까지 오르락내리락 거리는 흐름을 플룸이라고 부른다. 원래 플룸이란 것은 두둥실 날아오르는 깃털같은 모양을 가리킨다. 플룸의 상승과 하강과 같은 지구 내

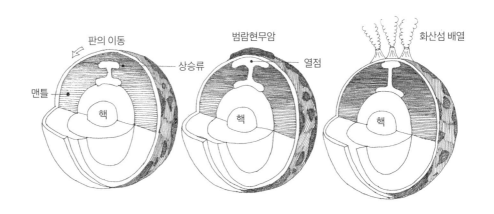

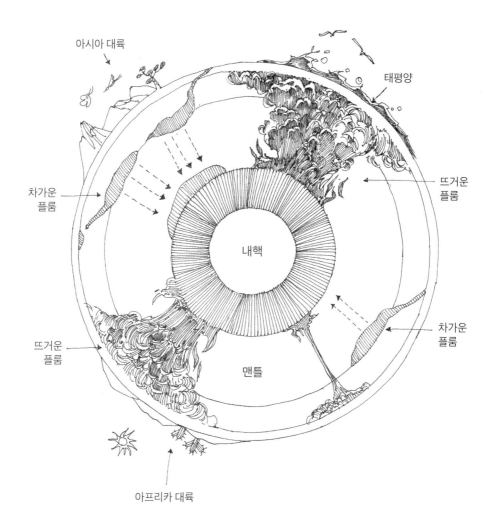

아시아 대륙

태평양

차가운
플룸

뜨거운
플룸

내핵

차가운
플룸

뜨거운
플룸

맨틀

아프리카 대륙

부의 운동이 다양한 구조운동을 일으킨다는 생각이 바로 플룸구조론이다.

하부맨틀의 최하부층은 핵에 접해 있다. 핵 쪽이 뜨겁고 맨틀 쪽이 차갑다. 맨틀이 핵으로 데워져 뜨겁고 가벼워져 지표를 향해 솟아오르는, 즉 상승하는 플룸을 핫플룸이라고 한다. 핫플룸 가운데서도 지구 전체의 판을 움직이고, 대륙 전체를 분열시키기도 하는 거대한 플룸을 수퍼핫플룸이라고 한다. 핫플룸의 상승속도

는 연간 1~4m 정도로, 지각에 도착하는 데에는 빨라도 300~400만 년 걸린다고 한다. 반대로 지구 표면의 차가운 판이 침강하여 이윽고 커다란 덩어리로써 핵을 향해 침강하는 것이 콜드플룸이다. 거대한 침강은 수퍼콜드플룸을 만들고 모든 대륙을 한 장소에 모이게도 한다.

페름기 말의 대규모 화산활동과 대량멸종

고생대와 중생대의 경계에는 모든 대륙이 하나로 모였던 판게아대륙이 거대한 수퍼핫플룸의 상승으로 분열을 시작했다. 대륙 내에서도 대규모 화산분화가 일어나고, 그 용암류로 광대한 시베리아대지가 형성되는 등 커다란 지각변동으로 인해, 대규모 기후변동이 있었다고 한다. 방출된 다량의 이산화탄소의 온실효과에 의해 기온이 상승하고, 심해저에 있는 메테인하이드레이트의 기화가 일어나, 그 결과 대기 중의 메테인이 증가하는 온실효과로 더욱 기온이 상승했다. 큰 화재와 화산분출물의 산화, 메테인과의 화학반응 등에 의해,

당시 30% 정도 있었던 공기 중 산소 농도가 서서히 낮아졌다. 분출한 다량의 아황산가스는 황산비가 되어 내리고 극지역에서 해수 온도가 상승하여 의해 바다 전체의 대규모 순환이 없어졌고, 해수의 산소 농도 감소(해양무산소 사건)는 바다 생물을 멸종으로 이끌었다. 이런 변화는 상당히 장기에 걸쳐 서서히 일어났다고 생각된다. 육상뿐만 아니라 바닷속에서도 종 레벨로서는 생물 전체의 96% 이상이 죽어버렸다고 생각되고, 페름기의 대량멸종이라 부른다. 생물의 역사상 최대의 멸종이다. 당연하겠지만 이때 전후로 생물상은 격변했다.

공룡의 탄생과 멸종

공룡의 번성과 조류의 탄생

공룡은 생물의 역사에서 그 예가 드물 정도로 크게 번성했다. 다양한 종류가 탄생했을 뿐만 아니라, 몸집이 큰 대형 생물이 탄생했다는 점도 특이하다. 이유가 무엇일까? 고생대의 마지막인 페름기 말에는 기온은 낮아지고 산소 농도도 줄어들어 바다 생물의 96% 이상이 멸종했던 최대의 위기가 있었다. 파충류의 조상도 대부분이 죽어버렸고 살아남은 것은 아주 적었다. 중생대 트라이아스기에 들어서도 여전히 힘든 환경이었다. 파충류 가운데 공룡으로 진화한 생물종이 이런 가혹한 상황을 버텨내면서 살아남았다. 그리고 쥐라기와 백악기를 거치면서 기온이 올라가고 산소 농도 또한 증가되면서 공룡은 빠른 속도로 지구를 점령하기 시작했다.

공룡이 멸종의 위기에서 살아남을 수 있었던 것은 혹독한 환경에 적응하기 위한 몸 체제의 진화에 있었다고 생각된다. 우선은 낮은 기온에 대응하기 위해 체온을 만들어내고 유지하는 온혈성과 항온성의 성질을 갖추게 된 것이다. 많은 공룡이 갖고 있었던 깃털 또한 체온 유지에 어느 정도 기여했을지도 모른다. 생존을 위한 또 다른 변화로서 낮은 산소 농도에 대응하기 위해 기낭이라는 특별한 환기장치를 몸에 갖추었다. 즉, 적은 산소의 양이라도 효율적으로 사용할 수 있었던 것이다. 또한, 공룡의 심장 구조도 산소 농도가 낮은 환경에서 산소를 효율적으로 체내에 받아들여, 고산소 혈액을 전신에 순환시키기 위해서도 안성맞춤이었다고 알려져 있다.

공룡은 흔히 용반류와 조반류의 두 그룹으로 구분하는데 골반의 구조가 서로 다르다. 용반류에는 용각류와 수각류가 있다. 수각류는 유명한 티라노사우루스를 포함하는 그룹인데, 이 부류에는 깃털을 가진 것이 많이

용반류 공룡들

▲ 오르니톨레스테스(쥐라기)

▲ 메갈로사우루스(쥐라기)

▲ 알로사우루스(쥐라기)

▲ 티라노사우루스(백악기)

조반류 공룡들

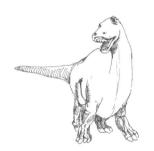

▲ 이구아노돈(백악기)

▲ 트라코돈(백악기)

▲ 캄프토사우루스(쥐라기)

▲ 스테고사우루스(쥐라기)

발견되었다. 티라노사우루스조차 확실한 깃털은 아니라 해도 솜털이 있었다고 알려져 있다. 수각류로부터는 장차 조류, 즉 새가 탄생한 것이다. 그뿐만이 아니라 조반류에 속하는 공룡에서도 깃털이 있었다는 보고가 있었다. 깃털은 용반류와 조반류 양쪽, 즉 공룡 전체에 걸쳐 발달된 것일지도 모른다.

조류는 소형 수각류의 부류로부터 쥐라기에 탄생했다고 생각되지만, 트라이아스기까지 거슬러 올라갈 가능성도 있다. 기낭을 가진 새의 뼈는 부서지기 쉬워 화

석으로 남기 어렵다고 하는 문제점이 있으나, 시조새는 약 1억 5,000만 년 전 무렵의 거의 완전한 조류 화석으로 아주 유명하다. 깃털이 없었으면 파충류로 분류되었을 것이다.

현재 조류와 공룡은 여러 면에서 비슷한 특징을 갖고 있다. 항온성, 깃털, 이족보행 가능한 다리, 2심방 2심실로 이루어진 심장, 그리고 기낭이다. 또한 공룡이 둥지를 만들어 부화한다든지 먹이를 구해 와 새끼를 보육했다는 증거도 발견되고 있다. 몇십 마리의 공룡이 집단적으로 둥지를 만들어 새끼를 키우던 흔적도 발견되었다. 공룡은 백악기의 끄트머리에 멸종했지만, 그 자손은 조류로서 훌륭하게 생존해 있는 것이다.

백악기의 거대 운석 충돌

공룡은 약 6,600만 년 전 백악기 말에 지구에서 사라졌다. 당시 멕시코 유카탄반도 주변 바다에 지름 10~15km 정도의 운석이 지구로 낙하하여 엄청난 충돌을 일으켰다. 그와 더불어 여기저기서 화산이 폭발했고 충돌로 증발한 수증기와 먼지 그리고 화산재가 지구대기를 덮어 혹독한 겨울이 찾아왔다. 지구 전체가 기후변동으로 몸살을 앓았고, 공룡을 비롯한 많은 생물이 멸종했다.

운석 낙하의 증거는 운석 속에 포함되어 있던 이리듐이란 원소가 당시에 만들어지고 있던 퇴적물 속에 포함되어 있는 것이다. 백금족원소인 이리듐은 무거운 원소이고, 대부분은 지구 형성의 초기에 지구 내부로 가라앉아 지표의 퇴적물 속에는 그 양이 매우 적어야 한다. 그런데 백악기 말의 퇴적물에서 비정상적으로 높은 함

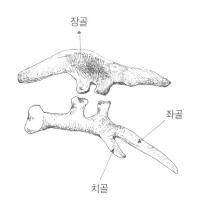

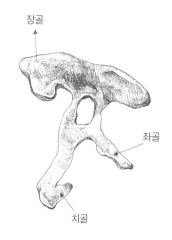

위　조반류의 골반뼈
아래　용반류의 골반뼈

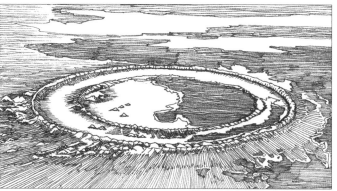

▲ 칙술루브충돌구

량의 이리듐이 발견된 것이고, 이것이 바로 운석 충돌의 증거가 된다. 또한 이 층의 바로 위에는 충돌 이후에 곳곳에서 일어난 화재로 말미암아 타버린 검댕의 층이 발견되었으며, 운석이 낙하했다고 추정되는 지역에서는 운석충돌구, 즉 크레이터가 발견되었다. 칙술루브 크레이터가 바로 그것이다.

백악기 말 거대 운석의 충돌은 그 에너지가 히로시마 원자폭탄의 10억 배 정도라고 알려져 있고, 300미터 이상의 쓰나미가 발생했으며, 엄청난 양의 수증기와 먼지가 지구 대기를 덮어버려 태양 빛이 차단됨으로써 기온이 낮아져 한랭화가 10년 정도 계속되었고, 이 사이에 해양의 플랑크톤과 식물이 멸종하였으며, 먹이사슬의 상위에 있던 동물도 멸종했다고 알려져 있다.

거대 운석의 낙하는 드문 일이지만, 작은 운석은 매일 수만 개 정도씩 지구에 떨어지고 있다. 한반도에도 여러 차례 운석이 떨어졌고 운석 낙하가 목격되기도 했는데, 가장 최근인 2014년 3월에 경상남도 진주에 운석이 떨어져 뉴스거리가 되기도 했다.

인류의 진화

초기의 인류는 뇌의 용적이 아직 작았고 꼬리 없이 직립 이족보행을 했었다고 생각되고 있다. 가장 초기의 인류가 아프리카 중부에서 발견된 약 700만~600만 년 전으로 평가되는 사헬란트로푸스속이라고 알려져 있었으나 두개골밖에 발견되지 않았고 직립 이족보행을 하고 있었다는 주장이 있으나 확실한 것은 아니다. 그후, 아르디피테쿠스속이 출현했고, 그 일종인 아르디피테쿠스 라미두스는 약 580만~440만 년 전의 에티오피아에서 서식하고 있었다. 확실히 직립 이족보행을 하고 있었다고 생각되지만, 뇌용량은 아주 작아 현생 인류의 20% 정도밖에 되지 않으며, 발가락으로 물건을 잡는 구조 역시 확인되어 나무타기와 지상 생활 양쪽에 적응한 상태였을 가능성도 있다.

플라이오세 중기에서 플라이스토세 초기에 해당하는 약 420만~200만 년 전에는 오스트랄로피테쿠스속

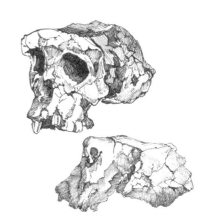

▲ 사헬란트로푸스

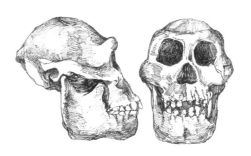

▲ 오스트랄로피테쿠스

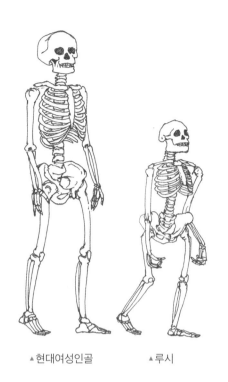

▲현대여성인골　　　▲루시

호모 하빌리스의 뇌용량은 현생 인류의 절반 정도까지 커졌다. 호모 하빌리스는 석기, 즉 돌로 만든 도구를 발명했다는 뚜렷한 특징을 가지며, 여기서부터 구석기 시대가 시작된다. 그 후 호모 에렉투스가 출현했는데, 현생 인류의 75% 정도 크기의 뇌를 가지고 있었던 것 같다. 호모 에렉투스는 적어도 약 180만 년 전에 아프리카를 떠나 동쪽으로는 인도, 인도네시아 그리고 중국, 서쪽으로는 시리아, 이라크 등지로 확산했음이 화석의 분포로 알려졌다. 이들이 아프리카를 떠난 것은 제4기의 한랭화에 의해 서식지가 건조했던 것이 직접적인 원인이었다고 생각된다. 유명한 북경원인과 자바원인도 이 호모 에렉투스의 아종으로 취급된다. 호모 에렉투스는 제4기의 플라이스토세 후반까지 번성하다가 중동지역에서는 약 20만 년 전에, 기타 지역에서는 약 7만 년 전에 멸종했다.

한편, 동아프리카에 남은 호모 에렉투스로부터 호모 네안데르탈렌시스(네안데르탈인)와 호모 사피엔스의 공통조상이 플라이스토세 중후반인 약 70만~30만 년 전 사이에 분기되었다. 그리고 약 30~20만 년 전에 현생 인류(호모 사피엔스 사피엔스)가 출현했다고 생각된다. 현생 인류의 조상에 대한 분자생물학적 추정 결과는 약 20만 년 전의 아프리카인 조상으로부터 유래한다고 하는 인류의 아프리카 단일 기원설을 지지한다. 현생 인류의 가장 오랜 화석은, 에티오피아에서 발견된 약 20만 년 전의 것이지만, 최근 모로코에서 약 30만 년 전의 것으로 생각되는 인류 화석이 발견되어 화제가 되었다. 호모 사피엔스는 약 7만~5만 년 전에 다시 아프리카를 떠나 유럽을 거쳐 아시아로 퍼졌다.

이 출현하여 남아프리카를 포함한 동아프리카 일대에 서식하고 있었다. 뇌의 용량은 현생 인류의 35% 정도로 침팬지와 비슷한 정도였지만, 직립 이족보행을 하고 식물과 소동물 이외에 육식 짐승의 찌꺼기 등을 주로 먹었던 것 같다. 이 속에는 오스트랄로피테쿠스 아나멘시스, 오스트랄로피테쿠스 아파렌시스 및 오스트랄로피테쿠스 아프리카누스 등이 알려져 있다. 1974년 에티오피아의 아파르에서 발견된 '루시'는 인류의 기원과 진화에 대해 큰 관심을 불러일으켰으며, 루시 그리고 함께 발견된 화석으로부터 오스트랄로피테쿠스 아파렌시스라는 이름이 붙여졌다. 그 후, 약 240만 년 전 무렵이 되면, 최초의 사람속인 호모 하빌리스가 출현한다. 제4기의 시작 무렵이다.

인류의 진화 과정

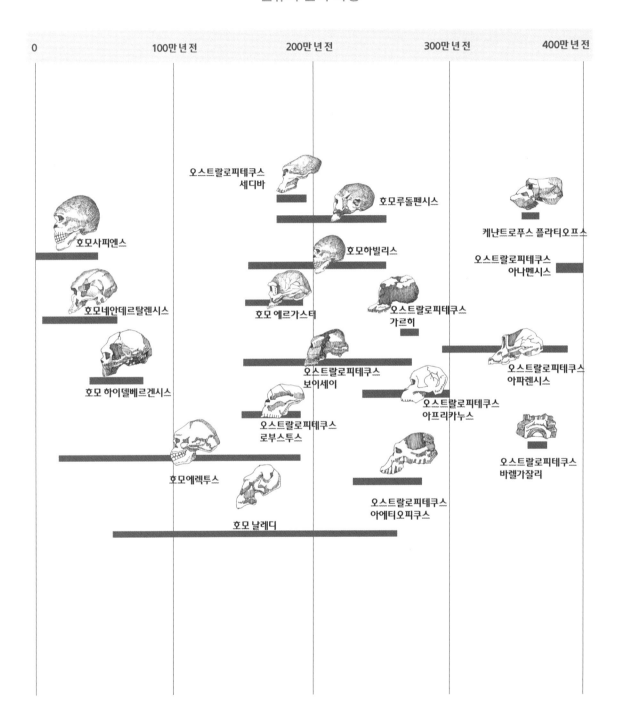

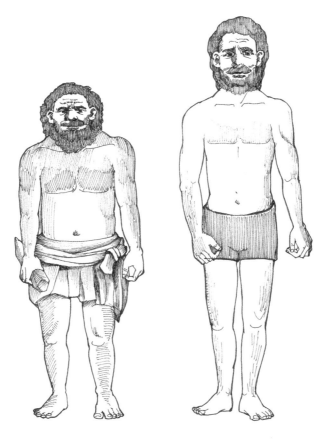

▲ 네안데르탈인과 호모사피엔스

　호모 사피엔스와 거의 동시기에 유럽을 중심으로 서아시아를 거쳐 중앙아시아까지 네안데르탈인이 번성했다. 네안데르탈인은 한랭지에 적응한 체형으로 아주 다부진 골격을 하고 있었고, 뇌용량은 현생 인류보다고 컸다고 알려져 있다. 그러나 석연치 않은 이유로 약 4만~3만 년 전에 멸종했다고 알려졌다. 한때 네안데르탈인이 현생 인류의 선조라고 생각되기도 했지만, 지금에 와서는 직계 조상이 아닌 다른 계통의 멸종한 인류라고 생각하고 있다. 최근 지브롤터 해협을 바라보는 이베리아반도 남단의 동굴에서 네안데르탈인의 유적이 발견되고, 네안데르탈인은 2만 8,000~2만 4,000년 전의 마지막 빙기의 최한랭기까지 살아있었음이 확인되었다.

　하여간 마지막 빙기를 끝으로 드디어 우리 인류의 시대가 찾아왔다.

18세기 산업혁명

보통 산업혁명이라 하면 18세기부터 일어난 과학 기술 발전의 시기를 가리키며, 특히 유럽과 북미의 농촌, 농업 사회를 산업화된 도시 사회로 변화시켰다. 섬유, 제철 및 기타 산업에 새로운 기계와 기술이 도입되면서 수작업으로 힘들게 만들어지던 상품들이 공장에서 기계에 의해 대량 생산되기 시작했다. 산업혁명은 1700년대에 몇 가지 혁신적인 기술이 개발되면서 시작된 것으로 생각되고 1830년대와 1840년대 영국에서 본격적으로 시작되어 곧 미국을 비롯한 전 세계로 확산되었다. 이후 19세기 후반부터 20세기 초반에 걸쳐 철강, 전기, 자동차 산업이 급속히 발전한 두 번째 산업화 시기와 구분하기 위해 18세기부터 19세기 중반까지의 시기를 1차 산업혁명으로 부르기도 한다.

산업혁명의 아이콘인 증기기관은 1700년대 초 토마스 뉴컴이 최초의 현대식 증기기관을 설계하면서 세상에 모습을 드러냈다. 이 발명품은 원래 광산 갱도에서 물을 퍼 올리는 데 사용되는 기계에 동력을 공급하는 데 사용되었다. 1760년대에 스코틀랜드의 엔지니어 제임스 와트는 증기기관을 훨씬 더 효율적으로 만들어 회전 운동이 가능한 증기기관을 발명했는데, 영국 산업 전반에 증기 동력을 확산하는 데 중요한 혁신을 가져왔

▲ 뉴커먼 증기기관

다. 증기기관의 개발을 통해 광부들은 더 깊은 곳에서 비교적 저렴한 에너지원인 석탄을 더 많이 채굴할 수 있었다. 공산품 생산에 사용되는 공장뿐만 아니라 이를 운송하는 데 사용되는 철도와 증기선을 가동하는 데도 석탄이 필요했기 때문에 산업혁명과 그 이후에도 석탄에 대한 수요는 급증했다.

산업혁명 이전에도 영국에서는 많은 사람들이 농촌에서 도시로 이주하기 시작했지만, 산업화와 함께 대형 공장의 등장으로 수십 년에 걸쳐 작은 마을이 주요 도시로 바뀌면서 이 과정이 급격히 가속화되었다. 이러한 급속한 도시화는 과밀화된 도시가 공해, 부적절한 위생, 열악한 주거 환경, 안전한 식수 부족으로 고통받으면서 심각한 문제를 야기했다. 한편, 산업화로 인해 경제 생산량이 전반적으로 증가하고 중산층과 상류

층의 생활 수준이 향상되었지만 빈곤층과 노동계급은 계속해서 어려움을 겪었다. 기술 혁신으로 인한 노동의 기계화는 공장에서의 생산성을 높였으나 어린이를 포함한 많은 노동자들이 저임금에 장시간 노동을 강요당했다.

산업혁명에는 긍정적인 면과 부정적인 면은 복잡하게 얽혀 있다. 안전하지 않은 작업 환경이 만연했고 석탄과 가스로 인한 환경 오염은 오늘날에도 여전히 우리가 겪고 있는 문제다. 반면에 도시로의 이동과 의복, 통신, 교통수단을 보다 저렴하고 대중이 쉽게 이용할 수 있게 만든 기발한 발명품은 세계사의 흐름을 바꾸어 놓았다. 여러 문제점이 있음에도 산업혁명은 경제, 사회, 문화에 혁신적인 영향을 미쳤으며 현대 사회의 토대를 마련하는 데 필수적인 역할을 했다.

현생누대 생물의 역사

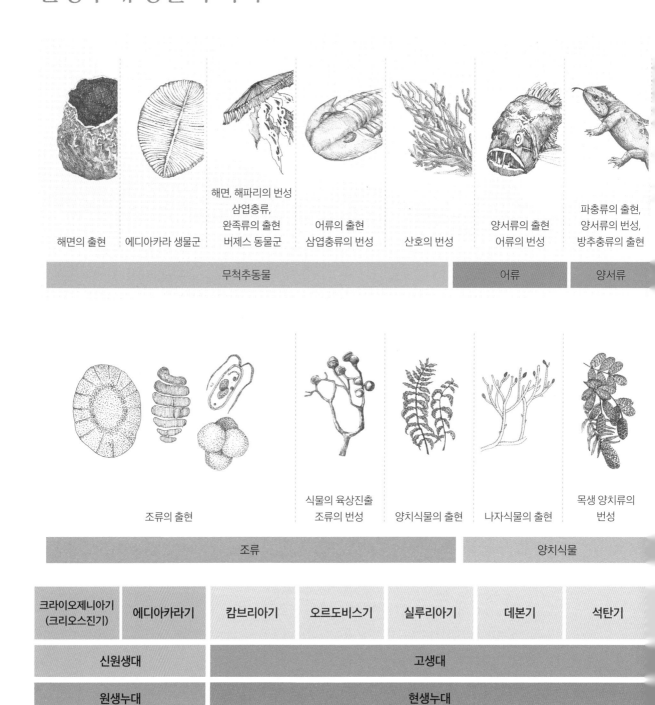

해면의 출현

에디아카라 생물군

해면, 해파리의 번성
삼엽충류,
완족류의 출현
버제스 동물군

어류의 출현
삼엽충류의 번성

산호의 번성

양서류의 출현
어류의 번성

파충류의 출현
양서류의 번성,
방추충류의 출현

무척추동물 · 어류 · 양서류

조류의 출현

식물의 육상진출
조류의 번성

양치식물의 출현

나자식물의 출현

목생 양치류의
번성

조류 · 양치식물

크라이오제니아기 (크리오스진기)	에디아카라기	캄브리아기	오르도비스기	실루리아기	데본기	석탄기
신원생대		고생대				
원생누대		현생누대				

6억 3,500만 년 전   5억 3,900만 년 전   4억 8,500만 년 전   4억 4,300만 년 전   4억 1,900만 년 전   3억 5,900만 년 전

| 삼엽충의 멸종
방추충류의 멸종 | 파충류의 번성
포유류 출현 | 새의 출현
암모나이트,
공룡의 번성 | 암모나이트,
공룡의 멸종 | 포유류의 번성 | 유인원의 탄생 | 인류의 시대 |

| 양서류 | 파충류 | 포유류 |

피자식물의 출현
나자식물의 번성

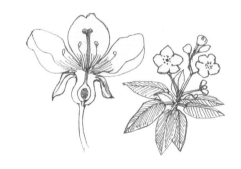

피자식물의 번성

| 양치식물 | 겉씨식물(나자식물) | 속씨식물(피자식물) |

| 페름기 | 트라이아스기 | 쥐라기 | 백악기 | 팔레오기
(고진기) | 네오기
(신진기) | 제4기 |

| 고생대 | 중생대 | 신생대 |

| 현생누대 |

2억 9,900만년 전 2억 5,200만 년 전 2억 100만 년 전 1억 4,500만 년 전 6,600만 년 전 2,300만 년 전 260만 년 전 현재

진핵생물의 탄생에서 사람까지 생물의 변천사

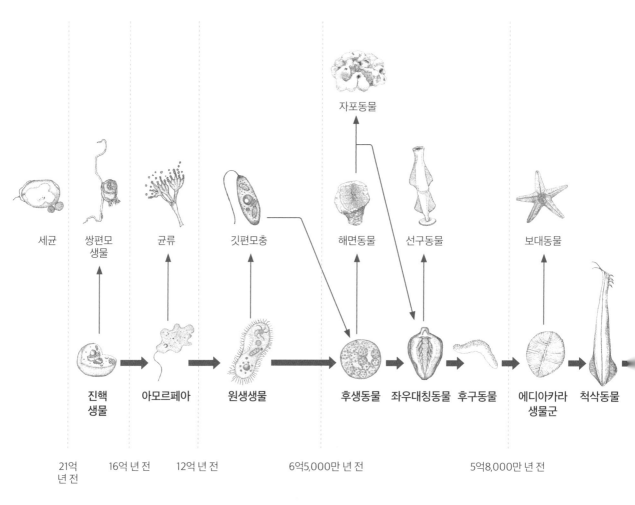

세균 쌍편모생물 균류 깃편모충 자포동물 해면동물 선구동물 보대동물

진핵생물 아모르페아 원생생물 후생동물 좌우대칭동물 후구동물 에디아카라 생물군 척삭동물

21억 년 전 16억 년 전 12억 년 전 6억5,000만 년 전 5억8,000만 년 전

고원생대	중원생대	신원생대

원생누대

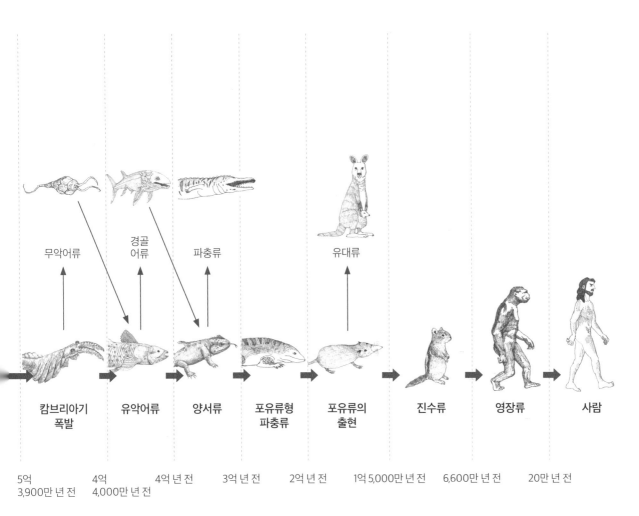

무악어류 경골 어류 파충류 유대류

캄브리아기
폭발

유악어류 양서류 포유류형
파충류 포유류의
출현 진수류 영장류 사람

5억
3,900만 년 전

4억
4,000만 년 전

4억 년 전 3억 년 전 2억 년 전 1억 5,000만 년 전 6,600만 년 전 20만 년 전

고생대	중생대	신생대

현생누대

지구와 생명이 얽혀 살아온 40억 년의 기록

그림으로 읽는 지구 생명의 역사

ⓒ 좌용주 · 재이, 2024

초판 1쇄 인쇄 2025년 2월 7일
초판 1쇄 발행 2025년 2월 17일

글   좌용주
그림   재이

펴낸이 이성림
펴낸곳 성림북스

책임편집 홍지은
디자인   북디자인 경놈

출판등록 2014년 9월 3일 제25100-2014-000054호
주소   서울시 은평구 연서로3길 12-8, 502
대표전화 02-356-5762 **팩스** 02-356-5769
이메일   sunglimonebooks@naver.com

ISBN   979-11-93357-41-5 (43400)